KB042572

# 세계도시 바로 알기

## 4 동부유럽

권용우

박영사

사랑하는 아들 권동원, 며느리 김하양
손자 권지혁 권찬혁, 손녀 권은서에게

# 머리말

『세계도시 바로 알기』제4권 동부 유럽에서는 러시아 연방, 폴란드 공화국, 체코 공화국, 슬로바키아 공화국, 헝가리, 루마니아, 우크라이나, 벨라루스 공화국, 몰도바 공화국 등 9개국을 다룬다.

러시아의 국토는 세계에서 제일 넓다. 러시아는 키예프 루스에서 출발하여 모스크바 대공국, 러시아 차르국, 러시아 제국, 러시아 소비에트 연방 사회주의 공화국을 거쳐 러시아 연방이 되었다. 러시아어가 모국어다. 러시아어는 유엔 공용어 중 하나다. 자원 부국이다. 2021년 러시아의 1인당 GDP는 11,273달러다. 노벨상 수상자는 31명이다. 러시아 종교는 기독교가 47.4%다. 러시아는 톨스토이, 도스토옙스키, 푸시킨, 솔제니친 등의 문인과 차이콥스키, 쇼스타코비치 등의 음악가, 샤갈 등의 화가를 배출했다. 모스크바는 1147년 이후 러시아의 수도다. 상트페테르부르크는 1713-1918년의 기간 동안 러시아의 수도였다. 블라디보스토크는 러시아의 태평양 문호(門戶)다.

폴란드는 폴라니에 등 슬라브 6개 부족으로 출발했다. 폴란드 왕국, 폴란드-리투아니아 연방을 거쳐 폴란드 공화국이 되었다. 공용어는 폴란드어다. 전체 인구의 96.7%가 폴란드인이다. 폴란드는 비옥한 땅을 바탕으로 농업이 발달한 가운데 공업 국가로 변모했다. 2021년 1인당 GDP는 16,930달러다. 노벨상 수상자는 19명이다. 폴란드인의 87%가 가톨릭 교도다. 폴란드는 지동설의 코페르니쿠스, 피아노의 시인 쇼팽, 노벨 물리학상·화학상 2관왕 마리 퀴리, 교황 요한 바오로 2세를 배출했다. 1596년 수도를 크라쿠프에서 바르샤바로 이전했다.

체코는 블타바강 연안의 보헤미아로 출발해 체코슬로바키아를 거쳐 체코 공화국이 되었다. 체코는 합스부르크 시대 이후 공업이 활성화되어 있다. 공용어는 체코어. 2021년 기준으로 1인당 GDP는 25,732달러다. 노벨상 수상자는 6명이다. 종교개혁가 얀 후스 시대에는 개신교가 우세했으나 그 이후 가톨릭이 주류였다. 음악가 스메타나와 드보르자크, 작가 카프카와 밀란 쿤데라를 배출했다. 수도 프라하는 흐라드차니, 말라 스트라나, 구시가지, 신시가지의 4개 지구를 중심으로 발달했다.

슬로바키아는 모라비아로 시작해 체코슬로바키아를 거쳐 슬로바키아 공화국이 되었다. 1843년 나라말 슬로바키아어를 구축해 민족의 정체성을 견지한 산악 국가다. 제조업이 활성화되고 있다. 2021년 1인당 GDP는 21,529달러. 기독교가 74.9%다. 수도 브라티슬라바는 슬로바키아 역사의 중심지다.

896년 우랄산맥을 넘어온 마자르족이 카르파티아 분지에 헝가리 대공국을 세웠다. 헝가리 왕국, 오스트리아-헝가리 제국을 거쳐 헝가리가 되었다. 헝가리어가 모국어다. 헝가리는 해외 무역에 주력하는 시장경제 구조다. 2021년 기준으로 1인당 GDP는 18,075달러다. 노벨상 수상자는 13명이다. 헝가리인 52.9%가 기독교를 믿는다. 1873년에 부더·오부더·페슈트가 합쳐져 수도 부다페스트가 되었다. 데브레첸은 제2도시다.

루마니아의 공용어는 루마니아어, 헝가리어, 독일어다. 루마니아어가 모국어인 사람은 전 인구의 91%다. 루마니아인은 92.3%가 기독교를 믿는다. 2021년 루마니아 1인당 GDP는 14,968달러다. 노벨상 수상자는 5명이다. 부쿠레슈티는 1659년 이후 루마니아의 중심지이며 수도다.

우크라이나의 공용어는 우크라이나어로 67.5%가 사용한다. 러시아어를 쓰는 사람은 29.6%다. 우크라이나에서 농업이 차지하는 비율이 높다. 2021

년 1인당 GDP는 3,984달러다. 노벨상 수상자는 6명이다. 우크라이나인의 86.8%가 기독교를 믿는다.

벨라루스의 공용어는 벨라루스어와 러시아어다. 벨라루스어를 사용하는 사람이 60%다. 기독교도가 90.1%다. 기계공업이 발달했다. 2021년 벨라루스 1인당 GDP는 6,487달러다. 노벨상 수상자가 2명 있다.

몰도바의 공용어는 몰도바어와 루마니아어다. 사용하는 언어 비율은 몰도바어 54.7%, 루마니아어 24.0%, 러시아어 14.5% 등이다. 2021년 몰도바의 1인당 GDP는 4,638달러다. 몰도바인의 98%가 기독교도다.

『세계도시 바로 알기』 YouTube 강의를 할 수 있도록 배려해 준 서울 성북구 소재 예닮교회 서평원 담임목사님께 감사드린다. YouTube 방송을 관장하시고 본서의 편집에 도움을 주신 예닮교회 이경민 목사님께 고마움을 표한다. 사랑과 헌신으로 내조하면서 원고를 리뷰하고 교정해 준 아내 이화여자대학교 홍기숙 명예교수님께 충심으로 감사의 말씀을 드린다. 원고를 리뷰해 준 전문 카피라이터 이원효 고문님께 고마운 인사를 전한다.

YouTube 강의는 『세계도시 바로 알기』와 『Cities of World TV』 명칭으로 진행되고 있다. 서부 유럽·중부 유럽, 북부 유럽, 남부 유럽, 동부 유럽까지 진행됐다. 아들 권동원 박사, 며느리 김하양 박사, 중학생인 손자 권지혁, 초등학생인 손자 권찬혁과 손녀 권은서 등 온 가족이 YouTube 방송을 재미있게 본다. 기쁜 마음이다.

특히 본서의 출간을 맡아주신 박영사 안종만 회장님과 정교하게 편집과 교열을 진행해 준 배근하 과장님에게 깊이 감사드린다.

2022년 4월
권용우

# 차례

# V 동부유럽

# V

# 동부유럽

25

# 러시아 연방

가장 넓은 땅

그림 1 러시아 국기

# 01 러시아 전개과정

러시아 연방은 러시아어로 Rossiyskaya Federatsiya(로시스카야 페데라치야)라 한다. 영어로는 Russian Federation이라 표기한다. 약칭으로 Russia라 한다. 국토 면적은 17,098,246km²다. 세계에서 가장 넓다. 인구는 2021년 추정으로 146,171,015명이다. 유라시아 대륙 북부의 대부분을 점유한다. 발트해 연안으로부터 태평양까지 뻗어있다. 러시아 내에서 두 지점 간의 가장 먼 거리는 동서로 9,000km다. 러시아에서는 11개의 시간대를 사용한다. 동쪽으로 한반도, 서쪽으로 핀란드와 접하고 14개국과 접경한다. 수도는 모스크바다.

러시아의 국명은 루스(Rus)에서 유래했다. 루스는 '동슬라브인 또는 동슬라브인이 사는 땅'이란 뜻이다. 루스라는 말은 고대 스칸디나비아어 '노 젓는 사람'이라는 말에서 나왔다. 자국어 국호인 '로시야(Rossíja)'는 '루스'를 가리키는 명칭이었던 그리스어 '로시아(Rhōssía)'에서 유래했다. 영어식 표현인 '러시아'는 16세기에 사용된 라틴어식 표현인 '루시아(Russia)'에서 비롯됐다. 표트르 대제가 그리스어 어원의 '로시아'를 채택해 러시아 제국을 선포한 후, '러시아'가 오늘날의 국명으로 이어졌다. 한자로 '노서아(露西亞)'와 '아라사(俄羅斯)'라 표기한다. 국명은 1991년 12월 25일에 러시아 연방으로 변경하고 1992년 5월 러시아 연방 조약에 의거해 확정했다.

러시아 연방 국기는 하얀색, 파란색, 빨간색의 가로형 삼색기다. 천상 세계를 뜻하는 하얀색은 고귀함을, 하늘을 의미하는 파란색은 정직을, 속세를 뜻하는 빨간색은 용기를 나타낸다. 1705년 1월 20일 표트르 대제가 네덜란드 상선(商船) 깃발에서 아이디어를 얻어 국기로 채택하면서 공식 국기가 되었다. 1917년 러시아 혁명 이후 낫과 망치가 들어 있는 소련 깃발이 사용됐다. 소련이 해체되고 러시아 연방이 출범하면서 2000년 12월 25일 국기로 다시 지정되었다.그림 1 러시아 국기의 청(靑) 백(白) 적(赤) 3색은 범슬라브주의 상징색이 되고 있다. 체코, 슬로바키아, 크로아티아, 슬로베니아, 세르비아 등의 국기가 러시아 국기와 유사하다. 러시아 이외 나라들은 국기에 자국의 국장(國章)을 반영해 러시아 국기와 구분한다.

러시아 민족 대다수는 동유럽의 동(東) 슬라브계다. 공용어는 러시아어다. 키릴문자에 기초한 러시아어는 전 세계적으로 258,000,000명이 사용한다. 러시아어는 유엔 공용어 중 하나다. 러시아는 193개의 민족으로 구성되어 있다. 2010년 러시아의 인종 구성은 러시아인 80.9%, 타타르족 3.9%, 우크라이나인 1.4% 등으로 조사됐다. 옛 소련 연방 국가 가운데 러시아인이 많이 사는 지역은 에스토니아, 크림반도, 라트비아, 카자흐스탄 등이다. 러시아에는 8개 연방 관구가 있다. 연방관구 밑으로는 22개의 자치 공화국 등 총 85개 행정 조직이 있다.

러시아의 영토는 지리적으로 ① 툰드라 지대 ② 타이가 또는 숲 지대(Taiga or forest zone) ③ 초원 또는 평야 지대 ④ 건조 지대(arid zone) ⑤ 산악 지대 등의 다섯 개 자연 구역으로 나뉜다. 구체적으로 동유럽 평원(East European Plain), 서시베리아 평원(West Siberian Plain) 등 2개의 평원과, 북시베리아 저지대, 중부 야쿠티안(Central Yakutian) 저지대, 동시베리아 저지대 등 3개의 저지대(lowlands),

중앙 시베리아 고원과 레나 고원(Lena Plateau) 등 2개의 고원, 그리고 동북시베리아쪽의 동시베리아 산맥(East Siberian Mountains)과 남쪽 국경에 연해 있는 남시베리아 산맥(South Siberian Mountains) 등 2개의 산맥이 있다.

러시아 평원은 얼음에 덮였던 지역으로 낮은 구릉의 파상(波狀) 평원이다. 예니세이(Yenisey)강 동쪽에 산악지대가 있다. 남쪽 국경에는 유럽 최고봉인 5,642m 엘브루스(Elbrus)산이 있다. 동부 유럽과 아시아의 경계에는 우랄산맥이 있다. 우랄산맥은 북극해 연안에서 카자흐스탄에 이르는 습곡 산맥이다. 총길이가 2,080km다. 동유럽 평원과 서시베리아 평원을 구분해 준다. 우랄 지역은 온화한 숲, 타이가, 초원과 반(半) 건조 지대로 구성되어 있다. 그림 2

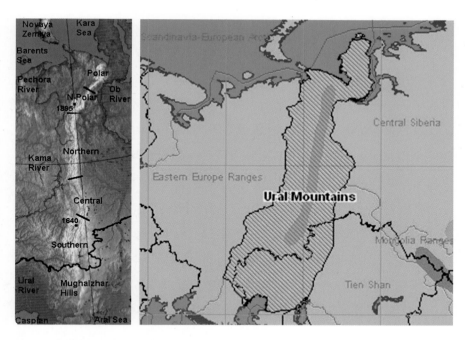

그림 2 러시아의 우랄산맥

그림 3 **러시아의 볼가강, 돈강, 카스피해, 예니세이강, 바이칼호**

　　러시아에는 10만 개의 하천과 60만 개의 호수가 있다. 가장 긴 강은 동시베리아에 있는 4,400km의 레나강이다. 대표적인 강은 유럽 쪽의 볼가강(3,531km), 돈강(1,870km) 등과 아시아 쪽의 예니세이강(3,487km), 아무르강(2,824km) 등이 있다. 호수로는 짠물 호수인 카스피해(371,000km²)와 민물 호수인 바이칼호(31,722km²) 등이 있다.그림 3 국토를 둘러싼 바다는 백해, 베링해, 발트해, 흑해 등이 있다. 섬은 사할린섬, 쿠릴 열도 등이 있다.

　　기후는 한대·아열대·툰드라·스텝·사막 지역에 따라 다르다. 대륙성 기후, 해양성 기후, 극지 기후, 아열대 기후, 몬순 기후 등이 나타난다. 식물이나 토양은 동서로 길게 대상지대(帶狀地帶)를 이룬다. 국토의 북부는 툰드라 지대가 대부분이다. 툰드라는 러시아 전면적의 약 5%다. 대상(帶狀)의 삼림(森林)으로 되어 있는 지역은 러시아 국토의 약 30%다. 자작나무는 러시아의 국가 나무다. 삼림지역인 스텝대(帶) 남부와 북부의 토양은 비옥한 체르노젬(Chernozem) 지역이다.

600년경 러시아인을 루스(Rus)라 불렀다. 이들은 볼가강을 중심으로 살던 슬라브족이다. 700년경 바이킹 상인이 이들을 노예(slave)처럼 부려 슬라브족이라는 말이 나왔다는 설이 있다.

862년 덴마크와 스웨덴 중간의 카테가트(Kattegat) 출신으로 추정되는 류리크(Rurik, 830-879)는 노브고로드에 홀름가르드(Holmgard) 정착촌을 건설했다. 879년 노브고로드에 키예프 루스가 세워졌다. 노브고로드는 '새 도시'라는 뜻이다. 이곳은 볼호브(Volkhov) 강 하반의 벨리키 노브고로드(Veliky Novgorod) 시로 발전했다. 벨리키는 '크다'는 뜻이다. 90km² 면적에 2018년 추정치로 222,868명이 산다.그림 4 1327년에 건축한 십일조 수도원이 있다. 벨리키 노

그림 4 **러시아의 벨리키 노브고로드**

그림 5 **벨리키 노브고로드 「러시아 천년 기념비」의 류리크와 블라디미르 동상**

브고로드는 1992년 유네스코 세계 유산으로 등재되었다. 1862년에 세운 「러시아 천년 기념비」에 류리크의 동상이 있다.그림 5

류리크의 후계자 올레크(Oleg)가 등장했다. 그는 882년 수도를 노브고로드에서 키예프로 옮기고 키예프 공국인 키예프 루스(Kievan Rus)를 건국했다. '루스의 땅(land of the Rus)'이란 뜻이다. 동슬라브 부족들은 키예프 공국으로 통일되었다. 키예프 공국은 키예프를 중심으로 879년부터 1240년까지 존속했다. 키예프 루스의 뿌리는 바이킹의 후예인 루스족과 키예프 루스에 살았던 슬라브족이다. 오늘날 우크라이나의 수도가 된 키이우(키예프)에는 드니프로(드네프르) 강이 흐른다.그림 6

류리크 가는 862-1610년의 기간 중 루스계 국가들을 지배한 가문이다. 창시자는 노브고로드의 1대 공작인 류리크다. 류리크가(家)는 862-1240년까지 키예프 루스의 왕가로 존속했다. 키예프 루스는 몽골군의 침입으로 무너졌다. 그러나 1283년 류리크 왕조 출신인 다닐 알렉산드로비치가 새로운 루스 공국인 모스크바 공국을 세움으로써 러시아의 뿌리가 세워졌다. 우크라이나, 벨라루스 등지에서도 루스

공국이 존속했다. 러시아는 1601-1603
년 사이의 대기근과 1605-1618년 기간
중 폴란드-리투아니아에 점령당해 고초
를 겪었다.

올레크의 왕권은 손자 블라디미르 1
세(Vladimir the Great, 958-1015)로 이어졌다.
그는 988년 비잔티움 동로마제국 황제
바실리오스 2세(Basil II)의 여동생 안나
(Anna) 포르피로제니타와 결혼했다. 그
는 결혼을 계기로 동로마제국으로부터
정교회를 받아들였다. 989년 정교회를
키예프 공국의 국교로 정했다. 그는 성
인(聖人)으로 추대되었다. 1853년 키이우
에 조성된 성 블라디미르 언덕에 그의
기념비가 세워졌다. 1862년 벨리키 노
브고로드에 만든『러시아 천년 기념비』
에 블라디미르 1세의 동상이 있다.그림 5
정교회가 국교가 되면서 러시아에는 비
잔틴 문화가 널리 퍼졌다. 정교회는 오
늘날까지 러시아인들의 신앙이 되고 있
다. 성경을 널리 알리기 위해 키릴 문자
에 기초한 러시아어가 체계를 갖추었다.

그림 6 러시아의 키예프 루스와 올레크

그림 7 **초토화(焦土化)된 러시아의 블라디미르 공국**

블라디미르 1세의 아들 야로슬라프 1세(Yaroslav the Wise, 978-1054) 때 키예프 공국은 문화적으로 군사적으로 발전했다. 동슬라브족의 관습법을 성문화해 러시아 법전 『루스카야 프라우다 *Russkaya Pravda, Rus' Justice*』를 편찬했다. 키이우 성 소피아 대성당(Saint Sophia Cathedral in Kiev) 건립을 후원했다. 11세기에 골든게이트 요새를 건축했다. 1982년에 야로슬라프 기념비를 세우면서 요새를 재건축했다. 1019-1054년 기간에 슬라브족은 우랄산맥을 넘어 루마니아까지 진출했다.

키예프 루스는 분할상속의 전통에 따라 여러 제후 공국으로 분할됐다. 노브고로드국(1136-1478), 블라디미르-수즈달 공국(1157-1331), 모스크바 대공국(1283-1547) 등으로 분화 발전했다. 이들 제후 공국은 러시아 차르국의 주도 세력이 되었다. 그러나 1237-1242년 사이에 몽골이 쳐들어와 키예프 루스는 점령당했다. 일부 지역은 1480년까지 킵차크 칸국의 지배를 받았다. 킵차크 칸국(金帳汗國, Golden Horde, 1240-1502)은 칭기즈칸의 손자 바투(Batu Khan of Golden Horde, 1207-1255)가 세운 몽골 제국이다. 몽골 침입에 저항했던 블라디미르 공국은 초토화되었다.그림 7 1380년 루스 제후국은 쿨리코보 전투에서 캅차크 칸국에게 승리한 적이 있다.

1263년 류리크 왕족 다닐 1세가 모스크바 지역을 영지로 얻었다. 1283년에 자신의 영지인 모스크바를 수도로 정해 모스크바 공국을 건국했다. 모스크바 공국은 몽골에 조공하여 살아 남았다. 모스크바 공국은 14세기 대공국(1283-1547)으로 격상되었다.

모스크바 대공국의 이반 3세(재위 1462-1505)는 1478년 노브고로드 공화국을 합병했다. 1480년에 '모스크바 대공국은 1240년부터 240년간의 몽골 킵차크 칸국의 지배에서 벗어났다.'라고 천명하면서 독립을 선언했다. 1485년에 트베리 대공국을 합병했고, 1490년대에 속령을 통합해 중앙집권화를 꾀했다. 이반 3세는 1472년 비잔티움 동로마제국 마지막 황제 콘스탄티노스 11세의 조카딸 소피아(Sophia)와 결혼했다. 결혼을 계기로 비잔티움식의 전제주의가 러시아에 유입되었다. 그는 동로마 제국의 후계자와 정교회의 옹호자를 자처했다. 로마 황제가 사용했던 쌍두 독수리 문양이 도입됐다. 그는 로마가 「제1의 로마」이고, 콘스탄티노플이 「제2의 로마」이며, 모스크바가 「제3의 로마」라 말하면서 모스크바가 정교회의 중요한 본산임을 천명했다. 그는 교회의 신성불가침을 확인하고 왕권신수설을 주장했다. 1497년 농노화의 길을 열어 지주에게 노동력을 보장해줬다. 러시아의 농민은 이 무렵부터 토지에 얽매이는 농노제의 굴레에 매였다. 그러나 일반적으로 러시아 농노제

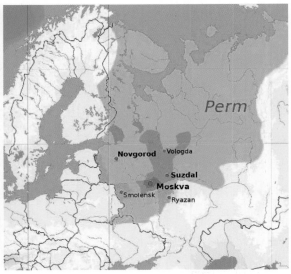

**그림 8 러시아의 이반 3세와 모스크바 대공국**

는 1721년부터 시작하여 1861년 알렉산드르 2세의 농노해방 때까지 존속한 것으로 설명한다. 1510년 이반 3세의 아들 바실리 3세(1479-1533)는 프스코프 공화국을 합병해 발트 해 부근까지 영토를 확장했다. 1521년에는 랴잔 대공국을 합병해 여러 루스 공국들을 통일했다.그림 8

이반 3세의 손자 이반 4세(Ivan IV, 1530-1584)가 들어섰다. 그는 '폭군 이반(Ivan the Terrible)'이란 뜻의 '이반 그로즈니(Ivan Grozny)'라 불렸다. 이반 뇌제(雷帝)로 표현하기도 한다. 1547년 그는 대공이라는 호칭을 버렸다. 그 대신 군주의 칭호인 차르라 했다. 모스크바 대공국이 마감되었다. 새로운 Tsardom of Russia(러시아 차르국, 1547-1721) 시대를 열었다. 본인이 비잔틴 제국의 계승자임을 선언했다. 차르로서 가진 대관식은 비잔틴 제국 황제의 대관식을 모델로 거행했다. 1561년 러시아에서 몽골 카잔 칸국이 물러난 것을 기념하여

그림 9 **러시아 차르국의 이반 4세와 미하일 1세 로마노프**

「바실리 성당」을 완성했다. 재위 기간 중 아스트라한 칸국·카잔 칸국·시베리아를 러시아에 병합했다. 1547년 17세때 결혼한 왕비 아나스타샤 로마노브나(Anastasia Romanovna, 1530-1560)가 13년간 왕비로 살다가 30세에 요절했다. 그는 왕비가 귀족들에게 독살당했다고 믿고 난폭해졌다. 1581년 노년기에는 반쯤 미쳐 며느리 옐레나(Yelena)를 유산시키고 둘째 아들 이반(Ivan)을 몽둥이로 때려 죽였다. 이반 4세의 적출 후손이 끊어져 그의 딸들과 서출 자녀들로 후손이 이어졌다.그림 9

　로마노프 가문(House of Romanov)의 시조는 1347년에 모스크바로 이주해 온 프로이센의 귀족 코빌라(Andréi Kobýla)에서 시작되었다. 그의 후손들이 귀족 로만 유리에프(Roman Yurievich Zakharyin-Yuriev)의 이름을 따서 로마노프(Roman-ov)라고 칭하면서 로마노프가(家)로 등장했다. 1548년 로마노프 집안의 딸 아나스타샤(Anastasia)가 이반 4세와 결혼하면서 왕족에 편입되었다. 이반 4세

그림 10 **러시아 제국의 표트르 대제**

는 적통 혈통을 잇지 못했다. 귀족들은 이반 4세 왕비 아나스타샤의 오빠인 니키타 로마노프(Nikita Romanov, 1522-1586)의 손자인 미하일(Michael Romanov)을 주목했다. 여러 과정을 거쳐 로마노프가의 혈통인 미하일 1세 표도르비치 로마노프(Romanov, 1596-1645)가 17세 되던 1613년 차르(Char)로 선출되었다. 본격적으로 로마노프 왕조의 제국이 열린 것이다.그림 9

러시아 차르국은 1547-1721년간 영토를 넓혀 태평양까지 확장했다. 러시아 팽창 정책의 목적은 ① 정교회 보호 ② 영토 확장 ③ 부동항 확보 등이다. 1613년에 개막된 로마노프 왕조는 18명의 왕들이 304년간 유지하다가 1917년 니콜라이 2세를 끝으로 왕조의 문을 닫았다.

1682-1725년 사이에 재임한 표트르 대제(Pyotr the Great, 1672-1725) 때 러시아 국가 체제가 정비됐다. 표트르 대제는 1721년 차르국(Tsardom of Russia)을 군주제 국가인 러시아 제국(Russian Empire, 제정 러시아, 1721-1917)으로 바꿨다.그림 10 로마노프 왕조는 태평양 연안까지의 시베리아를 정복하고 중앙아시아와 카프카스를 합병해 영토를 넓혔다. 러시아는 유라시아에 걸친 영토를 갖는 대국이 되었다.그림 11 넓은 국토를 점유하면서 러시아는 유럽 열강에 합류하게 되었다. 연해주를 청으로부터 획득하면서 블라디보스토크를 세웠다. 1853-1856년의 기간 사이에 종교전쟁인 크림전쟁이 터졌다. 러시아가 패했다. 크

그림 11 **러시아의 영토 팽창**

림전쟁에서 영국출신 간호사 나이팅게일이 활동했다. 나이팅게일은 의료
봉사의 새 영역을 제시했다.

1891-1904년간 시베리아 횡단 철도를 건설했다. 시베리아 횡단 철도는
우랄산맥 동부의 첼랴빈스크와 태평양의 블라디보스토크를 연결하는 대
륙 횡단 철도다. 시베리아 횡단 철도는 모스크바(Moscow)의 야로슬라브스키
(Yaroslabski) 역까지 연장해서 총 길이가 9,289km가 되었다.그림 12

그림 12 **러시아의 시베리아 횡단 철도**

그림 13 **러시아 1905년 「피의 일요일 사건」과 니콜라이 2세**

1867년에 러시아는 알래스카를 미국에 팔았다. 미국인의 여론이 부정적이었으나 국무장관 시워드가 사들였다(Seward's Folly). 1896년 알래스카에서 금이 발견되었다. 1904년 일본과의 러일전쟁(1904-1905)이 일어났으나 러시아가 패했다.

1905년 1월 22일 니콜라이 2세의 겨울궁전 앞에서 민중들이 평화적으로 차르의 선정을 요구하는 집회를 열었다. 그러나 황제의 군대는 무자비하게 이들을 학살하여 흰 눈밭 위로 붉은 피가 뿌려지는 피의 일요일 대학살 사건(Massacre on Bloody Sunday)이 터졌다. 이 일은 러일 전쟁의 패배로 흔들리는 국민 정서에 불을 질렀다. 분노에 찬 시민들은 제1차 세계대전 중인 1917년 2월 러시아 시민혁명을 일으켰다. 니콜라이 2세(재위 1894-1918)는 폐위되었다. 1721-1917년까지 196년간 유지되었던 러시아 제국은 여지없이 붕괴되었다.그림 13

제국멸망 후 러시아 공화국(Russian Republic)이 들어서 6개월간 유지되었다. 1917년 10월 블라디미르 레닌은 적은 수의 볼셰비키를 이끌고 10월 공산혁명을 일으켜 성공시켰다. 러시아 공화국은 멸망했다. 이듬해 차르 가족은 총

살되었다. 혁명정부는 일체의 권력이 노동자·인민·농민 조직인 평의회 대표자회의 소비에트(Soviet)에 있음을 선언했다. 1917년에 러시아 소비에트 공화국을 설립했다. 1918년에는 러시아 사회주의 연방 소비에트 공화국으로, 1936년에는 Russian Soviet Federative Socialist Republic(러시아 소비에트 연방 사회주의 공화국, SFSR)으로 변화되었다. SFSR은 1991년까지 존속했다.

볼셰비키 혁명을 계기로 러시아 제국이 무너졌다. 제국이 붕괴되면서 여러 민족이 독립했다. 1922년 사회주의 공화국인 러시아, 우크라이나, 벨라루스, 자캅카스 등 4개국은 조약을 체결해 소비에트 사회주의 공화국 연방을 수립했다. 「소비에트 사회주의 공화국 연방」은 약칭 소련(蘇聯)으로 표현한다. 영어로 Union of Soviet Socialist Republics라 하며, 약하여 USSR로 표기한다. 소련은 1922년 12월 30일에 시작하여 1991년 12월 26일에 끝났

그림 14 **소비에트 사회주의 공화국 연방**

다. 제정 러시아 영토를 기반으로 한 소비에트 연방은 중앙아시아 여러 공화국을 소련에 편입시켰다. 몰다비아 공화국과 발트 3개국이 1940년에 소련에 편입되었다. 소비에트 연방은 제2차 세계대전 이후 15개의 사회주의 공화국으로 늘어났다.그림 14 1924년 블라드미르 레닌(Lenin, 1870-1924)이 사망한 후 스탈린(Stalin, 1878-1953)이 등장하여 비밀경찰 베리야와 함께 공포정치를 자행했다. 1941년 6월에서 12월까지 히틀러가 소련을 침공하나 실패했다. 1953년 스탈린이 사망하면서 등장한 흐루쇼프는 스탈린을 '범죄자'로 규정했다.

제2차 세계대전 이후 소련은 초강대국으로 성장하여 미국과 냉전을 펼쳤다. 1970년대부터 소련 경제는 침체되었다. 1985년 미하일 고르바초프가 공산당 서기장에 취임했다. 그는 「신사고 노선」으로 냉전을 종결시켰다. 1986년 제27차 당(黨) 대회에서 '개혁'의 뜻인 페레스트로이카(Perestroika, restructuring)와 '개방'의 뜻인 글라스노스트(Glasnost, openness) 노선을 선언했다. 부패를 척결하고 경제를 회생시키려는 개혁을 시도했다. 각지에서 민족주의가 분출했다. 1989년 제한 주권론인 브레즈네프 독트린이 공식 폐기됐다. 1989년 동구권이 해체됐다. 1990년 대통령제가 도입됐다. 소련의 초대 대통령에 고르바초프가 당선되었다. 1991년 7월 고르바초프는 마르크스—레닌주의를 공식적으로 포기한다고 선언했다. 당(黨) 중앙위도 스탈린주의 포기를 선언했다. 1991년 8월 공산당이 쿠데타로 고르바초프를 축출하려 했으나 실패했다. 같은 해 12월 25일 고르바초프는 대통령직에서 물러났다. 1917년부터 1991년까지 74년간 존속한 Russian Soviet Federative Socialist Republic (러시아 소비에트 연방 사회주의 공화국)은 소멸되어 역사 속으로 사라졌다.

1991년 12월 26일 러시아(Russia)가 출범했다. 러시아는 소련이 가지고 있던 UN 상임 이사국 등의 국제적인 권리와 국제법상의 지위를 이어 받았다.

1991년 12월 25일 고르바초프가 사임한 날 러시아 최고회의는 국명 변경을 결의했다. 1992년 5월 러시아 연방 조약에 의거하여 국명을 러시아 연방(Rossiyskaya Federatsiya, Russian Federation)으로 확정했다. 1991년 11월 이후 등장한 옐친(Boris Yeltsin, 1931-2007) 대통령은 경제 악화로 1999년 12월 31일 하야했다. 2000년 3월 26일 열린 대선에서 푸틴(Vladimir Putin, 1952- )이 러시아연방 대통령으로 당선되었다. 푸틴은 혼란을 수습했다. 2008년 3월 선거에서 드미트리 메르메데프가 러시아의 새 대통령으로 선출되었다. 2012년 푸틴은 다시 대통령이 되어 오늘에 이른다.

한편 소련의 붕괴로 독립한 국가들은 1991년 12월 21일 카자흐스탄에서 알마아타 조약을 체결하고 독립국가연합(Commonwealth of Independent States, CIS)을 결성했다. 과거 소비에트 연방을 구성했던 나라들에 변화가 일어났다. 1991년 독립한 리투아니아, 라트비아, 에스토니아는 참여를 거부했다. 2008년 남(南)오세티아 전쟁으로 조지아는 탈퇴했다. 비공식 참관국인 우크라이나는 크림 공화국 합병과 돈바스 전쟁으로 2018년 탈퇴했다. 2019년 독립국가연합이 새롭게 발족했다. 러시아, 벨라루스 등 9개 공화국이 공식 회원국이다. 투르크메니스탄은 준회원국이다. 몽골리아, 아프가니스탄은 참관국이다. 본부는 벨라루스 민스크에 있다.

러시아 종교는 2012년 기준으로 기독교가 47.4%다. 이 가운데 러시아 정교회가 41.1%다. 이슬람교는 6.5%다. 러시아 정교회는 989년 이후 1,000여 년의 세월 동안 유지되어 왔다. 공산주의 체제 아래에서 종교는 탄압받았다. 러시아는 정교분리를 표방한다. 그러나 정교회가 러시아 제1종교의 역할을 하고 있다. 러시아 정교회 신자는 러시아 서부지역에 많다.

키예프 러시아가 정교회를 국교로 선택한 일화가 있다. 블라디미르는 형제들과 갈등하면서 권력을 얻었기에 갈등을 풀기 원했다. 갈등을 해결하는

그림 15 **크림반도의 고대(古代) 도시 케르소네소스**

방안으로 종교를 검토했다. 당시의 종교는 동방정교회, 유대교, 이슬람교, 가톨릭 등 4개 종교였다. 정교회는 콘스탄티노플에서 화려함을 보였다. 유대교는 유대인의 민족 종교였다. 이슬람교는 술과 돼지고기를 못 먹게 했다. 가톨릭을 믿던 독일은 외견상 경제적으로 어려웠다. 이런 연유로 989년 블라디미르 1세는 정교회를 택했다.

정교회를 택한 현실적 이유는 두 가지였다. 하나는 접근성이었다. 러시아는 가톨릭의 로마보다 정교회의 콘스탄티노플에 접근하기 용이했다. 우크라이나의 중심지였던 키이우(키예프)에서 드니프로(Dnieper) 강을 타고 내려와, 크림 반도 거점이던 케르소네소스를 거쳐서, 흑해를 건너면 콘스탄티노플에 다다랐다. 보스포러스 해협에 있던 콘스탄티노플은 흑해와 지중해와 연결이 용이해 모든 교역의 중심지로 각광받았다. 반면에 가톨릭의 독일과 이슬람의 중동은 육상 교통에 의존해야 했다. 당시는 수상 교통이 육상 교통보다 훨씬 효율적이었다. 다른 하나는 문화적 수월성이었다. 당시 서유럽은 가난하고 분열되었으나 동로마제국은 강력한 통일 국가로 문화적 수월성이 높았다. 당시의 종교는 사회 전 영역에 영향력이 컸다. 또한 특정 종교를 선택하면 그 종교를 믿는 국가와 우호 관계가 이뤄지는 상황이었다. 988년 블라디미르 1세는 크림반도 케르소네소스에서 정교회 세례를 받았다. 케르소네소스는 BC 6세기에 고대 그리스 식민도시로 건설된 곳이었다. 1783년에 이르러 케르소네소스 자리에 현재의 세바스토폴(Sevastopol)이 들어섰다.그림 15

러시아는 농노제를 기본으로 농업경제를 유지했었다. 1497년 이반 3세 때부터 1861년 알렉산드르 2세 때까지 농노제(Serfdom)가 존속했다. 나폴레옹이 러시아를 침공한 1812년 이후 자유·평등·박애의 정신이 러시아에 전해져 자유화 바람이 불었다. 민주화와 궤를 같이하며 산업화가 대두되었다. 러시아의 산업화는 19세기 후반 이후 1917년까지 진행됐다. 1837년부터 운영된 철도는 산업화 과정에서 중요한 역할을 담당했다.

러시아 제국 이후에 들어선 소련은 1921년 2월부터 1991년 4월까지 5개년 계획 등의 계획경제(gosplan)를 통해 경제를 활성화시켰다. 5개년 계획은 1928년부터 13차에 걸쳐 진행되었다. 신경제정책(NEP)으로 중공업을 강화했다. 중공업이 강화되면서 공업노동자 계급이 형성됐다. 오늘날 러시아 경제는 사회주의 경제에서 시장 경제로 이행되는 과정에 있다. 시장 경제로의 이행을 위해 가격 자유화, 국영 기업의 민영화, 토지 사유화 등의 개혁 정책을 진행하고 있다. 2021년 러시아의 1인당 명목 GDP는 11,273달러다.

러시아의 농경지는 국토면적의 13%다. 스텝 기후대 지역에 농업생산성이 높다. 집단 농장이 소멸하고 기업 농장과 개인 농장이 늘고 있다. 밀·사

그림 16 **러시아 상트페테르부르크의 락타 센터**

탕무·감자 등이 주작물이다. 사탕무는 체르노젬 흑토 지역과 서시베리아 남
부 삼림 지대에서 재배된다. 러시아의 삼림은 타이가 숲 등이 많아 세계의
1/5이상을 차지한다. 타이가는 '작은 막대기의 땅'이란 뜻이다. 세계식량기
구는 러시아의 49.4%가 삼림이라고 분석했다. 수산물 가공은 극동 지역에
서 주로 행해진다.

　러시아는 자원부국이다. 천연가스가 풍부하다. 천연가스 생산은 1953년
이후 본격화됐다. 향후 60년 이상 유지될 것으로 예상했다. 석유수출국기구
(OPEC)는 러시아의 천연가스 매장량이 세계 24%로 1위라 했다. 생산은 2017
년 시점에서 전 세계의 24.3%로 1위다. 천연가스는 서시베리아, 볼가-우랄
지역에서 주로 생산된다. 서시베리아의 야말 네네츠 자치구(Yamal-Nenets)는
주요 가스 생산지다. 가스 생산 관리는 1989년에 설립된 가스프롬(Gazprom)

이 관장한다. 가스프롬은 러시아어 Gazovaya Promyshlennost(가스 산업)의 약자다. 2019년에 모스크바에 있던 본사를 상트페테르부르크의 락타 센터(Lakhta Center)로 이전했다. 락타 센터는 다목적 복합건물로 높이 462m의 87층 건물이다.그림 16

석탄은 전 세계 매장량의 15.5%로 2위다. 석탄은 쿠츠네스크 탄전 등에서 생산된다. 2020년 기준으로 에너지는 천연가스 52%, 석유 22.6%, 원전 20% 등에서 얻는다. 철광석 생산량은 세계 4위다. 우랄, 쿠르스크, 쿠즈네츠크 지방에 철강 공업이 발달해 있다. 화학 공업은 시베리아 지역에서 발전하고 있다. 주요한 비철금속 공업 지역은 볼가, 우랄, 북카프카스, 동시베리아, 극동 연안 지방 등이다. 러시아의 수출품은 에너지·전력·기계장비·광물 등이다. 에너지는 석유, 천연가스, 석탄 등을 수출한다. 수입품은 기계류·농산물·소비재 등이다.

국토가 넓어 항공·철도 수송이 활용된다. 도로는 추위로 땅이 얼었다 녹았다 하여 열악하다. 러시아의 항공 교통은 여객 수송의 약 20%를 담당한다. 항공사는 1932년 창립한 아에로플로트 러시아 항공 등이 있다. 철도 노선의 상당 부분이 노후화되어 있다. 볼가강과 돈강 사이의 운하는 101km로 1952년에 완성했다. 운하 완성으로 볼가강 유역의 공업도시, 모스크바, 상트페테르부르크 등의 도시는 수로(水路)로 흑해와 연결되었다.

1721년 러시아 제국부터 출발한 러시아 군사력은 강하다. 병력은 징병제로 1,014,000명의 상비군을 보유하고 있다. 핵탄두 보유량은 6,490기로 세계 1위다. ICBM·SLBM 기술이 있다. 군사 무기 수출은 세계 수출량의 20%로 2위다. 금·은 보유고는 세계 5위다. 러시아는 우주기술 보유국가다. 인공위성, 유인 우주비행, 우주유영, 우주정거장, 우주 도킹시설 등을 만들었다. 1992년부터 본격화한 러시아 우주산업(Space Industry) 규모는 100개 이상의

그림 17 **러시아의 푸시킨, 도스토옙스키, 톨스토이**

회사와 25만 명의 종사자가 활동한다.

노벨상 수상자는 32명이다. 러시아의 근대문학은 세계적이다. 알렉산드르 푸시킨(Pushkin, 1799-1837), 니콜라이 고골, 레르몬토프, 이반 투르게네프, 표도르 도스토옙스키(Dostoevsky, 1821-1881), 레오 톨스토이(Tolstoy, 1828-1910), 안톤 체호프, 막심 고리키, 부닌, 보리스 파스테르나크, 불가코프, 플라토노프, 나보코프 솔로호프, 알렉산드르 솔제니친 등의 작가를 배출했다.그림 17

현대 시인으로 블로크, 만델스탐, 흘레브니코프, 마야코프스키, 브로드스키 등이 활동했다. 음악에선 글린카, 차이콥스키(1840-1893), 스트라빈스키, 쇼스타코비치(1906-1975), 프로코피에프, 라흐마니노프, 림스키코르사코프, 밀리 발라키레프 등이 배출됐다.그림 18

미술은 샤갈(1887-1985)이 있다. Chagall(샤갈)은 현재의 벨라루스 땅인 러시아 제국에서 태어난 화가다.그림 19

러시아 문화는 슬라브 문화·동로마 문화·몽골 문화의 혼합 양상을 보여준다. 동로마 문화는 러시아인의 종교관에 영향을 끼쳐 「황제=하느님의 대

그림 18 **러시아의 차이콥스키, 림스키코르사코프, 쇼스타코비치**

리인」이라는 관념이 있다. 러시아인의 성명은 이름+부칭(父稱)+성의 순서로 되어 있다. 러시아는 세계에서 부정부패가 심각한 국가 중 하나다. 2020년 국제투명성기구의 부패인식지수에서 180개국 중 129위를 차지했다. 치안은 안정적이지 못하다.

러시아 사회에는 개인의 능력과 개성이 중시되는 새로운 생활상이 대두되고 있다. 러시아에서는 3세대 동거가구가 흔하다. 대부분 자녀는 할머니가 돌본다. 노동연령에 있는 여성이 직장에 나가는 경우가 많다. 대도시 가구의 상당수가 근교지역에 별장인 다차(Dacha)를 갖고 있다.그림 20

러시아는 2016년 시점에서 1인당 차 소비량이 1.38kg으로 세계 5위다. 국민들이 보드카 등의 술을 즐긴다. 1890년부터 만들었다는 러시아 마트료시카 인형(Russian Matryoshka Doll)은 '엄마'라는 뜻이다. 1984년에 선보인 테트리스(Tetris) 게임이 러시아에서 개발됐다.

그림 19 **러시아의 샤갈과 『마을 위에서** _Over the Town_』

그림 20 **러시아의 다차**

그림 21 **러시아의 수도 모스크바**

# 02 수도 모스크바

모스크바(Moskva, Moscow)는 러시아의 수도다. 모스크바강(Moskva River) 유역에 있다. 모스크바강은 러시아 중부 오카강의 지류다. 모스크바강에서 모스크바라는 도시 이름이 나왔다. 2018년 추정으로 2,561.5km² 면적에 12,506,468명이 산다.그림 21

　1147년 로스토프-수즈달 공국의 대공 유리 돌고루키(Yuri Dolgorukiy, 1099-1157)가 모스크바에서 동맹자인 노브고로드 세베르스키공(公)을 위해 연회를 베풀었다는 기록이 있다. 이런 연유로 모스크바의 설립연도를 1147년으로 보고 있다. 모스크바는 한동안 블라디미르 대공국에 속해 있었다. 1263년 류리크 왕족 다닐 1세가 모스크바 지역을 영지로 얻었다. 그는 자신의 영지인 모스크바를 수도로 정해 모스크바 대공국(1263-1547)을 건국했다. 모스크바는 볼가강과 오카강을 활용해 발전했다. 모스크바가 안정적 발전을 이룩하자 루스 전역에서 사람들이 모스크바로 몰려왔다. 모스크바는 1263-1713년까지 모스크바 대공국과 러시아 차르국(1547-1713)의 수도였다.

　로마노프 왕조 표트르 대제는 1713년 상트페테르부르크를 건설해 수도를 옮겼다. 모스크바는 러시아의 수공업과 상업 중심지로 발전했다. 역대 황제는 모스크바에서 대관식을 올렸다. 모스크바와 상트페테르부르크는 러시아의 2대 중심지로 발전했다.

그림 22 **러시아 모스크바의 크렘린 성채**

1917년 10월 혁명 이후 1918년 러시아 제국 수도였던 상트페테르부르크에서 모스크바로 수도가 이전됐다. 1922년 소련이 탄생하면서 소련의 수도가 되었다. 1980년 하계올림픽이 개최되었다. 1991년 러시아 연방이 출범한 이후 수도가 되어 오늘에 이른다.

모스크바는 러시아 최대의 공업도시다. 모스크바 공업생산의 반 이상이 기계 제조업이다. 직물, 식료품 등의 경공업 공장도 많다. 모스크바는 러시아 교통의 중심지다. 학술 문화가 모스크바를 중심으로 이루어진다. 모스크바 사방으로 방사상(放射狀) 도로가 뻗어있다. 시 외곽에는 환상(環狀) 도로가 둘러싸고 있다. 그 밖은 삼림 공원이다.

모스크바 시가의 중심 좌안에 크렘린(Kremlin)이 있다. 크렘린은 러시아어로 크레믈(kreml)로 표기한다. '성채(城寨, fortress inside a city)'란 뜻이다. 처음에 모스크바강과 네글린나야강(Neglinnaya River)의 합류점인 보로비스키(Borovitsky) 언덕 위에 방어시설인 조그만 목조 성채로 출발했다. 보로비스키 언덕은 크렘린 언덕(Kremlin Hill)으로 이름이 바뀌었다. 크렘린에 관한 기록은 1147년의 연대기에 나온다. 모스크바의 창건자 유리 돌고루키 대공이 1156년 숲과 목책으로 크렘린 요새를 구축했다. 크렘린 건축물은 1485-1495년 기간에 이태리 건축 예술가와 건축기사들에 의해 완성됐다. 크렘린은 오랫동안 러시아 황제가 거처하는 성이었다. 1713년 상트페테르부르크로 황거(皇居)가 이전하면서 수도 기능을 잃었다. 러시아 혁명으로 수도를 모스크바로 다시 이전했다. 1918년 이후 모스크바 크렘린에 소련 정부가 들어섰다. 크렘린은 1990년에 유네스코 세계 유산으로 등재되었다.그림 22

그림 23 **러시아 모스크바 크렘린 성채의 삼각형 패턴**

크렘린은 모스크바의 성장과 궤를 같이 했다. 17세기에 대폭적으로 건축이 진행됐다. 18세기와 19세기에 궁전과 국가기관 건물들이 재건되었다. 공산주의 소련 시절 크렘린 영역 내의 많은 성당들이 파괴되고 당 대회 회관

그림 24 **러시아 모스크바의 국가 크렘린 궁전, 트로이츠카야 탑, 붉은 별**

이 건설되었다. 성채의 윤곽은 삼각형 모양이다. 삼각형의 1변이 약 700m 다. 성벽 총 길이는 2,235m다. 성벽을 따라 18개의 군사용 탑이 있다. 한 개당 중량 8kg인 벽돌을 쌓아서 만들었다. 성벽은 지면의 기복에 따라서 높이가 5m에서 19m에 이른다. 벽두께는 3.5-6.5m다. 탑들은 여러 층으로 되어 있다.그림 23

크렘린의 공식 입구인 트로츠키 다리(Troitsky Bridge) 끝에 탑이 있다. 1495-1499년 기간에 세워진 구세주 탑인 삼위일체 탑이다. 이 탑은 1658년 크렘린의 트로이츠카야(Troitskaya) 여관에서 이름을 따와 트로이츠카야 탑으로 이름이 바뀌었다. 1935년 소련 공산당은 삼위일체의 아이콘을 제거하고 꼭대기에 붉은 별(red star)을 달았다. 탑의 높이는 80m다.그림 24

그림 25 **러시아 모스크바 크렘린의 차르 대포와 차르 종**

    다리를 건너 크렘린에 들어서면 오른쪽에 국가 크렘린 궁전(State Kremlin Palace)이 있다. 1961년 공산당 회의를 위해 지었다. 크렘린 궁전 앞의 표지판에 「붉은 별(red star)」이 부조로 새겨 있다. 붉은 별은 '아름다운 별'이라는 뜻이 담겨있다 한다. 캐나다의 코헨, 미국의 티나 터너 등이 국가 크렘린 궁전에서 대중 공연을 했다. 지금은 발레 극장으로 활용된다.그림 24

    크렘린 안에는 1837-1849년에 세워진 그랜드 크렘린 궁전(Grand Kremlin Palace)이 있다. 차르의 거주지였다. 현재는 러시아 연방 대통령의 공식 거주지다. 크렘린 안에는 대통령 집무실이 있다. 각료들의 집무실도 함께 있다. 1586년에 제작된 황제의 대포(Tsar Cannon)가 있지만 사용되지는 않았다. 황제의 대포는 표도르 이바노비치 대공과 관련이 있다고 한다. 1735년 제작된 황제의 종(Tsar Bell)은 표트르 대제의 조카인 안나 이바노브나 황후의 의뢰로 제작됐다. 종에는 차르 알렉세이와 황후 안나가 실물 크기로 이미지화 되어 있다.그림 25

그림 26 **러시아 모스크바 크렘린의 가정 대성당**

　크렘린 안에는 정교회 성당이 많다. 1475-1479년 이반 3세 때 완성한 가정 대성당(Dormition Cathedral)은 모스크바 러시아의 어머니 교회로 평가되고 있다. 1547년 최초로 차르 대관식이 거행됐다. 입구 상단에 아기 예수가 성모 마리아 품안에 있는 그림이 있다.그림 26 1489년 이반 3세의 개인 채플로 세워진 성모 수태고지 사원(Cathedral of the Annunciation)은 왕실 가족이 예배를 보고 결혼하는 데 활용됐다. 1508년에 건설한 대천사 성당(Archangel Cathedral)은 대천사 마이클에게 헌정된 교회로 차르의 묘지로 사용됐다. 1653년에 들어선 12사도 교회(Church of the Twelve Apostles)는 사도 필립(Philip)에게 헌정된 교회다. 1917년 볼셰비키에 의해 손상되었으나 미술 박물관으로 복원됐다. 1508년 차르 바실리(Vasilly)가 아버지 차르 이반 3세를 기리기 위해 이반 대종탑(Ivan the Great Bell Tower)을 세웠다. 높이가 81m다.

크렘린 궁전 북동쪽으로 붉은 광장(Red Square)이 있다. 길이가 700m이고 폭이 100m다. 15세기 말부터 교역 장소로 활용되어 시장(市場)이라고 했다. 16세기 화재로 광장의 점포들이 불탔다. 17세기부터 이 광장은 끄라스나야(krasnaya)라 불렸다. '붉은 또는 아름다운'의 뜻이 광장 명칭에 붙여졌다. 곧 붉은 광장은 '아름다운 광장'이라는 의미다.그림 27

그림 27 **러시아 모스크바의 붉은 광장**

그림 28 **러시아 모스크바 붉은 광장의 성 바실리 대성당과 스파스카야 탑**

　붉은 광장을 상징하는 건축물은 성 바실리 대성당과 스파스카야 탑이다.그림 28 성 바실리 대성당은 1555-1561년 사이에 건축됐다. 러시아 정교회 성당이다. 러시아 차르국 이반 4세가 러시아에서 몽골 카잔 칸국이 물러난 것을 기념하여 붉은 광장에 세웠다. 바실리는 러시아에서 존경받던 예언자였다. 1588년 그는 성(聖) 바실리(Saint Vasily, St. Basil)로 칭해졌다. 성 바실리는 정교회 대성당의 북서쪽 지역에 장사(葬事)되었다. 그때부터 이 성당을 성 바실리 대성당이라고 부르기 시작했다. 중앙에는 높이 47m의 팔각형 첨탑이 있다. 8개의 양파 양식 지붕들이 중앙탑 주변에 있다. 성당은 중앙탑 1개, 다각탑 4개, 원형탑 4개 총 9개의 탑으로 되어 있다. 1818년 차르 알렉산드르 1

그림 29 **러시아 모스크바 붉은 광장의 성 바실리 대성당**

세 때 조국을 위해 헌신한 미닌(Minin)과 포자스키(Pozharsky)를 기념하는 조각 상이 대성당 앞에 세워졌다.그림 29

　　1491년에 세운 71m 높이의 스파스카야 탑(Spasskaya Tower, Saviour Tower) 은 한때 크렘린으로 들어가는 정문이었다. 「구세주의 탑」이라고 한다. 사람들 은 모자를 벗고 말에서 내려 걸어 들어갔다. 차르에 대한 경의와 존경의 의미 였다고 한다. 1999년에 문을 통과하는 교통 체계를 폐쇄했다. 1936년에 탑 꼭대기에 있었던 쌍두(雙頭) 독수리는 크렘린 별로 대체됐다.

　　1580년에 건축한 부활의 문(Resurrection Gate)은 1931년 붉은 광장의 군사 퍼레이드 때 쓸 대형 군용 차량을 통과시키려고 철거했다. 1994-1995년에

그림 30 **러시아 모스크바 붉은 광장의 부활의 문과 카잔 성당**

완전히 재건되었다. 1612년에 지어진 카잔 성당(Kazan Cathedral)은 공산주의
자들에 의해 파괴되었으나 1993년 다시 완공했다.그림 30

붉은 광장에는 1930년에 들어선 레닌 묘(Lenin Mausoleum)와 1967년에 공
개된 무명용사의 묘가 있다.그림 31 붉은 광장에 있는 국영 굼(GUM) 백화점은
1890-1893년에 걸쳐 세워졌다. 1953년에 지금과 같이 개조했다. 이 백화점
은 3층 건물이다. 지붕은 유리로 되어 있다.

1872년에 건축한 국립 역사 박물관이 있다. 국립 역사 박물관 앞에는 주
코프(Georgy Zhukov, 1896-1974) 장군 동상이 있다. 1941년 주코프 장군은 3백만
명을 이끌고 온 히틀러와의 전쟁에서 히틀러를 격퇴시켜 러시아를 구한 영
웅이다. 히틀러는 모스크바, 상트페테르부르크, 우크라이나 등 3개 방향으
로 침공했다. 그러나 나폴레옹 때처럼 강력한 추위 때문에 퇴각했다.그림 32

붉은 광장에서 수많은 사람들이 참여하는 행사와 군사 퍼레이드를 벌인
다. 1990년 유네스코 세계 유산 목록에 크렘린과 붉은 광장이 등재되었다.

그림 31 러시아 모스크바 붉은 광장의 레닌 묘와 무명용사의 묘

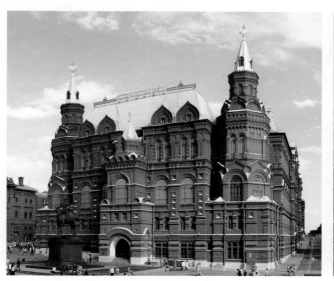

그림 32 러시아 모스크바의 국립 역사 박물관과 주코프 장군 동상

그림 33 **러시아 모스크바의 볼쇼이 극장**

　　볼쇼이 극장(Bolshoi Theatre)은 러시아 국립 아카데미 대극장의 약칭이다.
볼쇼이는 '크다'는 뜻이다. 예카테리나 2세의 명으로 1776년 처음 건축됐다.
세 차례 화재가 났고, 1856년 재건되었다. 모스크바 중심인 스벨드로프 광
장에 있다. 러시아 제정 시대 상트페테르부르크의 마린스키 극장과 함께 주
요 공연장이었다. 1918년 이후 러시아를 대표하는 예술 전당으로 자리 잡았
다. 글린카, 보로딘, 무소르그스키, 차이콥스키, 림스키코르사코프 등의 작
품이 샤리아핀, 소비노프 등의 명 가수에 의해 무대에 올려졌다. 볼쇼이 극
장은 러시아의 오페라·발레의 요람이다. 음악문화의 중심지다. 볼쇼이 발레
단(Bolshoi Ballet)은 세계적이다.그림 33

그림 34 **러시아 모스크바의 아르바트 거리**

트베르스카야 거리(Tverskaya Street)는 모스크바 중심 거리다. 이 거리는 12세기부터 역사에 등장한 것으로 알려졌다. 상트페테르부르크와 모스크바를 오가는 거리였다. 1935-1990년 사이에 고리키 거리로 불렸다. 스트라스트나야(Strastnaya) 광장은 1937년 푸시킨 광장(Pushkin Square)으로 이름이 바뀌었다.

모스크바에서 시민들이 즐겨 찾는 아르바트 거리(Arbat Street)는 1493년에는 Orbat라는 기록으로 나온다. 17세기 중엽까지 스몰렌스크 거리(Smolenskaya Street)로 불렸다. 아랍 상인들이 물건을 파는 거리라는 의미의 「리바드」에서 유래하며 '시장'이란 뜻이다.그림 34 프랑스의 몽마르트 언덕이나 우리나라 대학로와 유사하다. 문화와 예술을 상징하는 곳이다. 자유를 만끽하는 러시아인들의 여유가 목격되는 거리다. 아르바트 거리에는 푸시킨이 결혼생활을 했던 집이 있다. 집 앞에는 푸시킨(Alexander Pushkin)과 그의 아내 나

그림 35 **러시아 아르바트 거리의 푸시킨 집과 푸시킨, 곤차로바**

탈리아 곤차로바(Natalia Goncharova)의 조각상이 있다.그림 35 이 거리는 러시아 작가 레르몬토프, 투르게네프 등도 어린 시절을 보낸 곳이다. 구(舊) 아르바트 거리(Old Arbat Street)에서는 소규모 악단이 연주한다. 무명화가들이 그림을 그려준다. 1962-1968년까지 조성된 신(新) 아르바트 거리(New Arbat Avenue)는 모스크바에서 가장 번화한 곳 중 하나다. 2010년 신 아르바트 거리에 한국의 롯데 호텔이 들어섰다.

　모스크바 국제 비즈니스 센터는 모스크바 시티(Moscow-City)라 불린다. 모스크바 중심부의 도시 재개발 프로젝트 지역의 명칭이다. 모스크바 강변의 프레스넨스카야 제방 위에 지었다. 1996년 이후 순차적으로 19개 초고층 건

물들이 들어서고 있다.그림 36

노보데비치 수녀원(Novodevichy Convent)은 정교회 수녀원이다. 바실리 3세 (Vasili III)가 모스크바와 스몰렌스크의 연합을 기념하여 건설했다. 수도원의 중요 건물은 1524-1525년 사이에 건설된 스몰렌스크의 성모 성당이다.

참새 언덕(Sparrow Hills)에서는 모스크바 시가지와 모스크바 강이 내려다 보인다. 「레닌 언덕」으로 부르기도 했다. 해발 고도 220m다. 참새 언덕에 서 1980년 모스크바 올림픽 때 쓰였던 메인 스타디움이 보인다. 참새 언덕에 모스크바 국립 대학교가 있다. 모스크바 국립 대학교는 미하일 로모노소프 (Lomonosov)에 의해 1755년 모스크바 중심가에 세워졌다. 1948년 소련 정부

그림 36 **러시아 모스크바의 국제 비즈니스 센터**

**그림 37 러시아의 모스크바 국립 대학교**

는 레닌 언덕으로 불렸던 참새 언덕에 새 대학교 건물을 지으려고 레프 루드네프(1885-1956)에게 설계를 맡겼다. 모스크바 국립 대학교는 이른바 「스탈린의 7자매 건물」 중에서도 가장 높은 건물이다. 높이가 240m다. 33km의 복도와 5천 개의 강의실이 있다.그림 37

　1947-1955년 사이에 이른바 스탈린 건축(Stalinist Architecture)이 세워졌다. 「스탈린의 7자매 또는 일곱 난장이」라 불리는 웨딩 케이크 모양의 7개 건물이다. 힐튼 호텔, 러시아 외무성 본관, 모스크바 국립 대학교 본관 등이 있다.

　모스크바는 소련의 수도였고 소련은 공산주의 국가였다. 공산주의의 상징인 마르크스의 동상이 시내에서 확인된다. 모스크바에는 개선문이 있다. 1812년 나폴레옹을 무찌른 쿠투조프 장군(Mikhail Kutuzov, 1745-1813)을 기념하는 개선문이다. 제2차 세계대전에서 독일에 승리를 거둔 소련은 1946년 조성된 승리 공원(Victory Park) 내에 전승 기념관을 만들어 이를 기렸다. 승리 공원은 171.5m높이의 포크로나야 언덕(Poklonnaya Hill)에 조성됐다. 『용(龍)을 죽이는 성 조지의 조각상』이 있다.그림 38

　모스크바의 지하철(Moscow Metro)은 1935년 5월 15일에 개통되었다. 모스크바 지하철의 길이는 총 412.1km다. 17개 노선에 241개 역이 있다. 모스크바 지하철은 전 세계에서 가장 이용객이 많은 지하철 가운데 하나다. 하루 평균 승객수는 7백만 명 정도다. 러시아는 동토층(凍土層)이 있어 지하 깊숙이 지하철이 설치되었다. 에스컬레이터가 깊게 내려 간다. 지하철 역사 내부는 고풍스러우나 노후화 되었다. 2003년에 지은 파크 포베디(Park Pobedy) 역은 지하 84m까지 내려 간다. 모스크바에는 세레메티예보 국제공항(I, II), 도모데도보 국제공항, 브누코보 공항, 비코보 공항 등이 있다.

그림 38 러시아 모스크바의 승리 공원과 『용(龍)을 죽이는 성 조지의 조각상』

그림 39 러시아 상트페테르부르크의 표트르 대제 청동 기마 동상

# 03 제2도시 상트페테르부르크

상트페테르부르크(Sankt-Peterburg, Saint Petersburg)는 러시아 제2도시다. 2021년 기준으로 1,439km²면적에 5,504.305명이 산다. 발틱해 핀란드 만 입구의 네바강(Neva River) 하구에 입지했다. 네바강 길이는 74km, 너비는 최소 210m다. 네바강은 라도가호(湖)를 지나 핀란드 만으로 흘러 들어간다. 상트페테르부르크는 네바강을 활용하여 발트해의 주요 무역항으로 발돋움 했다.

8-9세기 러시아인들은 상트페테르부르크가 있는 핀란드 만(Gulf of Finland) 주위로 정착했다. 이 지역은 노브고로드(Novgorod) 공국에 속했다. 이 지역은 사람들이 살기 어려운 습지였다. 그러나 로마노프 가문의 표트르 대제가 등장하면서 이 곳은 완전히 달라졌다.

로마노프 왕조의 러시아 제국(Russian Empire)은 표트르 대제(Pyotr I, Peter I, 1672-1725, Pyotr Velikiy, Peter the Great)와 예카테리나 2세(Ekaterina II, Catherine the Great, 재위 1762-1796) 때 상트페테르부르크를 중심으로 크게 부흥했다.

1703년부터 1713년까지 로마노프 왕조의 표트르 대제가 사도 성(聖) 베드로(Apostle Saint Peter)의 이름을 따서 새로운 도시 상트페테르부르크를 건설했다. 1768–1782년 사이에 세워진 표트르 대제의 청동 기마 동상(Bronze Horseman)은 상트페테르부르크 상원 광장(Senate Square)에 서있다.그림 39

표트르 대제가 이 지역에 도시를 건설할 무렵 환경은 열악했다. 연 평균

바실리에프스키섬　베드로바울요새　트리니티다리　겨울궁전

그림 40 **러시아 상트페테르부르크의 네바강과 궁전 제방**

기온 4.2℃에 일조량은 31일 정도였다. 매년 홍수가 났다. 습지여서 이곳을 메워야 했다. 돌이 필요했다. 선박은 30kg 이상의 돌을 10개에서 30개까지 가져와야 했다. 육로로는 15kg 이상의 돌을 3개 가져와야 했다. 세금이 부과되고 교회 재산도 국가에 귀속되었다. 많은 사람이 헌신했고 희생되었다.

표트르 대제는 1713년 수도를 모스크바에서 상트페테르부르크로 천도했다. 그는 이 도시를 러시아 제국 로마노프 왕조의 수도로 삼았다. 1721년 표트르 대제는 러시아 차르국을 러시아 제국으로 끌어 올렸다. 러시아 차르국은 1613년부터 1721년까지 108년간 유지되었다. 러시아제국은 1721년부터 1917년까지 196년간 존속되었다.

표트르 대제의 도시 건설 결과로 수많은 섬이 연결됐다. 상트페테르부르크는 이들 섬 위에 세워진 도시라 「북 유럽의 베네치아」라고도 불린다. 네바강 위에서 보면 왼쪽에 바실리에프스키섬 곶이 있다. 중앙에는 베드로 바울 요새가 있고, 트리니티 다리를 건너 겨울 궁전의 제방으로 연결된다. 네바강 위에 세 번째 다리인 582m의 트리니티 다리(Trinity Bridge)는 1897-1903년 기간에 세워졌다.그림 40

표트르 대제는 북방전쟁으로 스웨덴 점령지역을 탈환했다. 그는 이 지역의 수비를 위해 베드로 바울 요새(Peter and Paul Fortress, 1703-1740)를 구축해 도시 건설의 기반을 닦았다. 표트르 대제는 서구 문화를 받아들일 도시계획을 세웠다. 1703년 5월 16일 도시 건설의 첫 삽을 떴다. 네바강의 자야치(Zayachy)섬에 건물을 짓기 시작하여 1년 만에 틀을 완성했다. 1706년부터 1740년 사이에 돌로 건물을 다시 지었다. 전체가 별 모양 요새(star-shaped fortress)다.그림 41 1712년부터 1733년까지 베드로 바울 성당을 건설했다. 성당에는 123m의 종탑이 있다. 요새는 1720년부터 군 주둔지와 정치범 수용소로 활용되었다. 러시아 표트르 대제부터 니콜라이 2세까지 황제와 가족의 묘가 안장되어 있

**그림 41 러시아 상트페테르부르크의 베드로 바울 요새**

그림 42 **러시아 상트페테르부르크의 베드로 바울 성당과 표트르 대제 좌상**

다. 1991년 요새 안에 표트르 대제의 좌상(Monument of Peter the Great)이 세워졌다. 표트르 대제는 203cm의 장신이었다.그림 42

바실리에프스키섬(Vasilyevsky Island)은 상트페테르부르크와 여러 교통 노선과 연계되어 도시의 주요 기능을 담당한다. 이 섬에는 상트페테르부르크 증권 거래소와 상트페테르부르크 대학교, 제국 과학아카데미 등의 학술 기관이 있다. 조선업·피아노 제작 등 산업시설이 있다.그림 43

상트페테르부르크의 겨울 궁전(Winter Palace)과 바실리에프스키섬을 1916년에 개통한 궁전 다리(Palace Bridge)가 연결해 준다. 260.1m의 궁전 다리는 정해진 시간에 열려 큰 배가 지나가도록 열린다. 네바강의 낙조는 다리가 열릴 때 저녁노을과 어우러져 장관이다.그림 44

그림 43 러시아 상트페테르부르크의 바실리에프스키섬

그림 44 러시아 상트페테르부르크의 궁전 다리

**그림 45 러시아 상트페테르부르크의 겨울 궁전**

예카테리나 2세는 프랑스 문화를 도입해 러시아 문화를 살찌웠다. 그녀는 네바 강변에 지은 겨울 궁전에서 집무했다. 겨울 궁전은 1708년 시작하여 1762년에 완성했다. 1764년 이후 예카테리나 2세는 미술품을 수집하여 이 궁전에 보관했다. 미술품이 보관된 겨울 궁전은 1852년에 일반에 공개되고 1917년 에르미타주(Hermitage) 박물관으로 바뀌었다. 에르미타주 박물관은 세계 3대 박물관이다. 에르미타주라는 말은 프랑스어로 은둔지를 의미하는 '예르미타시'라는 명칭에서 유래했다. 에르마타주 박물관 단지는 에르미타주 극장, 구(舊) 에르미타주, 작은 에르미타주, 겨울 궁전 등으로 구성되어

있다. 신(新) 에르미타주는 구 에르미타주 뒤에 있다.그림 45 겨울 궁전과 1829
년에 세워진 관공서 건물(Genareal Staff Building) 사이에 1834년 조성된 궁전 광
장(Palace Square)이 있다. 광장에 47.5m 높이의 기둥이 솟아 있다.그림 46

그림 46 **러시아 상트페테르부르크의 겨울 궁전, 궁전 광장, 관공서 건물**

그림 47 **러시아 상트페테르부르크의 피터호프 궁전**

표트르 대제는 핀란드 만과 연결된 곳에 피터호프 궁전(Peterhof Palace, 페데르고프, Petergof)을 건설했다. 피터호프 궁전은 핀란드 만 해변가에 위치해 있다. 상트페테르부르크로부터 30여km 거리다. 1714-1723년 기간에 바로크 양식으로 건설했다. 피터호프 궁전은 「러시아의 베르사유궁」으로 불렸다. 황제의 가족과 귀족들이 여름을 보내던 곳이다.그림 47

피터호프 궁전의 백미는 진주 목걸이(Necklace of Pearls)라고 불리는 공원이다. 대궁전 앞의 대분수는 공원의 정수(精髓)다.그림 48 20m 높이로 치솟는 삼손(Samson) 분수에서 시작되는 운하는 상트페테르부르크에서 배가 도착하는 해변까지 연결되어 있다.그림 49 한편 표트르 대제가 1714년에 완공한 여름궁전은 폰탄카강, 모이카강, 스완 운하 옆에 있다.

그림 48 러시아 상트페테르부르크 피터호프 궁전의 대분수

그림 49 러시아 상트페테르부르크 피터호프 궁전의 삼손 분수, 핀란드 만, 분수 정원

그림 50 **러시아 상트페테르부르크의 피의 구세주 교회**

1812-1814년 기간에 나폴레옹이 러시아를 침공하나 실패했다. 그러나 자유·평등·박애의 반 전제주의 운동이 전파되었다. 1825년 12월 26일 러시아 최초의 반독재 반전제 혁명인 데카브리스트 반란(Decembrist Revolt, Dekabrist)이 일어났다. 19세기 후반 러시아 젊은 지식인들은 '민중 속으로(going to the people)'의 뜻인 브나로드(v narod movement)

농촌 운동을 전개했다. 레닌도 브나로드 운동에 참여한 것으로 알려졌다. 이는 1870년대의 혁명적 나로드니키(Narodniks, 인민주의자)의 출발점이 되었다.

1881년에는 차르 알렉산드르 2세(Alexander II)가 나로드니키에 의해 암살되었다. 1883-1907년 알렉산드르 3세(Alexander III)는 아버지 알렉산드르 2세가 암살된 곳에 교회를 세웠다. 이 교회가 '암살'을 뜻하는 피의 구세주 교회(Church of the Savior on Spilled Blood)다. 1739년에 건설된 그리보예도프 운하 옆에 있다.그림 50

제정 러시아에서 주기적으로 일어났던 반유대주의 폭동과 유대인 학살은 Pogrom(포그롬)으로 설명한다. 1881년 제정 러시아 알렉산드르 2세의 암살에 유대인이 관련있다는 소문으로 반 유대주의 폭동과 인명이 살상되는 포그롬이 일어났다. 포그롬은 1917년 2월 혁명으로 러시아 제국이 소멸될 때까지 주기적으로 진행됐다.

상트페테르부르크는 18세기 초반 러시아 최대의 무역항으로 성장했다. 공업 중심지로도 발돋움했다. 1851년 모스크바와 연결하는 러시아 최초의 철도가 부설(敷設)됐다. 돈이 들어오고 교통이 편리해지면서 사람들이 대거 몰렸다. 사회 변혁의 움직임도 활발했다. 19세기 후반부터 20세기 중반까지 상트페테르부르크는 각종 혁명의 발원지가 됐다. 제2차 세계대전 중 독일군은 상트페테르부르크에 큰 피해를 입혔다. 1941년 8월부터 29개월 동안 40만 명이 아사(餓死)했다. 1965년 죽음을 무릅쓰고 지켜낸 도시라고 하여 레닌그라드 영웅 도시(Leningrad Hero City)라 칭했다. 승전 40주년을 기념하여 1985년 보스타니야 광장에 오벨리스크(Obelisk)를 세웠다.

백야(White Night)가 나타나는 상트페테르부르크는 시대의 흐름에 따라 도시명칭이 변화했다. 1703년 도시 설립부터 1914년까지는 상트페테르부르크였다. 10월 혁명이 일어난 후 1918년에 모스크바로 수도가 옮겨졌다. 1914년부터 1924년까지 이 도시는 페트로그라드(Petrograd)로 불렸다. 1924년 1월 21일 레닌그라드(Leningrad)라 명명했다. 레닌그라드 명칭은 1991년 9월 6일까지 유지됐다. 소련이 패망하면서 본래 명칭인 상트페테르부르크로 바뀌었다. 1990년 상트페테르부르크의 역사지구와 관련 기념물은 유네스코 세계 유산으로 등재되었다. 2003년 5월 29일 상트페테르부르크는 300주년을 맞았다.

그림 51 **러시아 상트페테르부르크의 카잔 성당과 쿠투조프 동상**

상트페테르부르크는 모스크바에 이은 러시아의 공업 도시다. 복잡한 정밀기계 제조업이 활성화되어 있다. 화학 공업, 섬유 공업, 인쇄업 등도 성했다. 최근에 이르러 경제 성장이 크게 진행되었다. 경제 활동 못지않게 상트페테르부르크에는 문화·학술활동이 펼쳐진다.

카잔 성당(Kazan Cathedral)은 1801년부터 10년간 지어 1811년에 카잔의 성모(聖母)에게 봉헌되었다. 넵스키 대로에 있다. 카잔 성당은 건축 후 나폴레옹에게 승리하는 기록을 남겼다. 1812년 침공해 온 나폴레옹을 무찌른 쿠투조프(Kutuzov) 장군의 동상이 1837년 성당 앞에 세워졌다. 로마의 베드로 성당을 모형으로 지어진 이 성당은 종교 박물관으로 사용되고 있다. 그림 51

러시아 정교회 달마티아의 성 이사악(St. Isaac)의 이름을 따서 지은 성 이사악 대성당은 도시의 랜드마크다. 1818년에 공사를 시작하여 1858년에 완공한 성 이사악 대성당은 박물관으로 사용되고 있다. 달마티아의 성 이사악의

그림 52 **러시아 상트페테르부르크의 성 이사악 대성당**

축일은 5월 30일이고 그 다음 날이 표트르 대제의 생일이다. 황금빛 돔은 상당량의 금을 사용해 만들었다 한다.그림 52

넵스키 대로(Nevsky Prospect)는 '네바 강의 거리'란 뜻이다. 18세기 말에 습기 많은 늪지대를 개발해 대표적인 문화 상업 거리로 만들었다. 서쪽 끝은 1823년에 건설한 러시아 해군성 타워(Admiralty Tower)다. 동쪽 끝은 1725년에 세운 성 알렉산드르 넵스키 수도원(Saint Alexander Nevsky Lavra)이다. 거리의 길이는 총 4.5km다.

러시아인들이 좋아하는 푸시킨(1799-1837)의 동상은 상트페테르부르크에도 있다. 그는 러시아 제국 니콜라이 1세(1796-1855) 때부터 활동한 국민 시인이며 소설가다. 푸시킨은 13년의 나이 차이를 극복하며 16세의 곤차로바에게 구애했다. 1831년 푸시킨은 나이 32세 때 19세인 곤차로바와 결혼했다. 4명의 자녀를 두었다. 1837년 나이 38세 때 푸시킨은 그의 아내 곤차로바 (1812-1863)의 사랑과 명예를 지키기 위해 결투했다. 근위병 단테스와의 결투 끝에 세상을 떠났다.

레닌그라드였던 이 도시에는 아직도 레닌의 동상이 남아 있다. 400여 년 전에 지어졌는데도 상트페테르부르크의 도시 도로 폭은 상당히 넓다. 시설 보수를 하지 않아 노후화됐다. 한국의 자동차와 한국어 간판이 걸린 식당이 있다. 상트페테르부르크에선 기존의 건물을 개조하여 상가로 사용한다. 도심을 벗어난 도심 주변지역에 중산층을 위한 아파트단지가 조성되어 있다. 전차에 의해 도심부와 연결된다.

# 04 블라디보스토크

Vladivostok(블라디보스토크)는 러시아 극동의 중심지다. 시베리아 횡단 철도의 출발지다. 러시아가 태평양으로 나가는 문호(門戶)다. 2018년 기준으로 331.16km² 면적에 604,901명이 산다.그림 53 연간 평균 기온이 약 5℃다. 중위도 해안 지역이어서 춥다. 1858년 러시아 제국이 청나라와 아이훈 조약

그림 53 **러시아의 블라디보스토크**

을 체결하여 도시와 항구를 건설했다. 1872년 니콜라예프스키에서 이곳으로 군항을 옮겨왔다. 1890년 무역항으로 발전했다. 1904년 시베리아 철도로 모스크바와 연결됐다. 무역항의 기능은 시의 동쪽 90km 지점에 신설된 나홋카 항이 담당한다. 2012년 아시아 태평양 경제 협력체(APEC) 정상 회의가 루스키 섬에서 개최되었다. 이를 계기로 길이 3.1km의 4차선 사장교(斜張橋) 루스키 교를 건설했다.

러시아의 출발은 우크라이나의 키이우(키에프)다. 키에프 루스에서 출발한 러시아는 모스크바 대공국으로 발전했다. 1703년 표트르 대제는 상트페테르부르크를 건설해 로마노프 왕조의 수도로 삼고 러시아 제국을 꽃피웠다. 레닌은 1917년 볼셰비키 혁명을 일으켜 1918년 다시 모스크바로 수도를 옮겼다. 소련은 동부 유럽과 중앙 아시아 여러 나라를 공산주의 패러다임으로 묶었다. 그러나 74년간의 공산주의 실험은 실패하고 붕괴했다. 1991년 소련이 붕괴된 후 모스크바는 러시아 연방의 수도로 남았다.

러시아어는 러시아인의 모국어다. 러시아어는 전 세계적으로 258,000,000명이 사용한다. 러시아어는 유엔 공용어 중 하나다. 러시아는 넓은 땅을 가진 나라다. 넓은 땅에 자원이 풍부해 자원 부국이다. 풍부한 자원은 경제건설의 원동력이 되어 러시아를 공업 강국으로 만들었다. 공업 강국은 계획경제에 의해 점진적으로 달성했다. 방위산업과 우주산업이 우수하다. 2021년 러시아의 1인당 GDP는 11,273달러다. 노벨상 수상자는 31명이다. 러시아 종교는 2012년 기준으로 기독교가 47.4%다. 이 가운데 러시아 정교회가 41.1%다. 이슬람교는 6.5%다. 러시아 정교회는 989년 이후 러시아의 중심 종교가 되어 있다. 러시아에는 톨스토이, 도스토옙스키, 푸시킨, 솔제니친 등의 문인과 차이콥스키, 글린카 등의 음악가, 샤갈 등의 화가를 배출해 세계적 문화 국가의 이미지를 구축했다.

　모스크바는 1147년 이후 러시아의 수도다. 상트페테르부르크는 1713-1918년의 기간 동안 수도였다. 블라디보스토크는 러시아의 태평양 문호다.

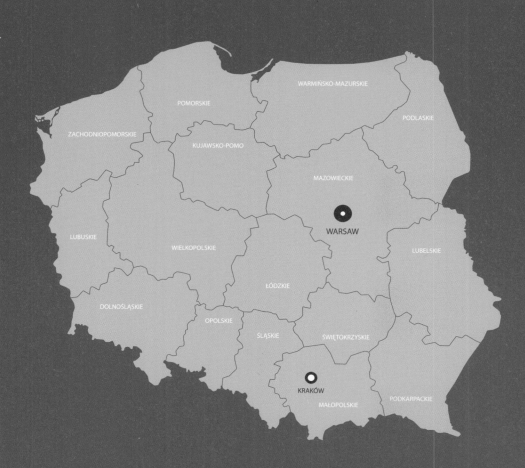

# 폴란드 공화국

애국심과 가톨릭

그림 1 **폴란드 국기**

# 01 폴란드 전개과정

폴란드의 국명은 폴란드어로 Rzeczpospolita Polska(제치포스폴리타 폴스카)라
한다. 폴스카 공화국을 의미한다. 영어로는 Republic of Poland라 표기하
며, 약칭으로 Poland(폴란드)라 한다. 수도는 바르샤바다. 2015년 시점에서
312,679km² 면적에 38,562,189명이 산다.

폴스카(Polska)라는 말은 서슬라브족의 한 부족인 폴라니에(Polanie)에서 나
왔다. 폴라니에 족은 6세기에 폴란드 바르타강 연안에 살았던 부족이다. '폴'
이라는 단어는 '들판'이라는 뜻이다.

폴란드 국기는 1807년부터 사용했으며 1919년 공식적으로 채택되었다.
폴란드 국기는 백색과 적색이 상하(上下)로 놓여 있는 이색기다. 백색은 평화
를 위한 희망을, 적색은 자유를 위한 투쟁을 의미한다.그림 1

폴란드어는 인도 슬라브어족 슬라브어와 서슬라브어군에 속하는 언어다.
폴란드어가 폴란드의 공용어다. 폴란드어를 사용하는 사람을 통틀어 폴란
드인이라고 말한다. 2019년 기준으로 폴란드 내의 폴란드인 인구 비율은
96.9%다. 대부분이 폴란드인으로 구성된 단일 민족국가로 간주된다.

폴란드는 중앙 유럽의 대평원에 위치한다. 국토는 동서로 689km, 남북
으로 649km다. 북쪽은 발트해와 접한다. 국토의 대부분이 평탄하고 완만
한 지형이다. 폴란드 평원으로 불리는 중앙 저지대는 넓고 평평하다. 비스

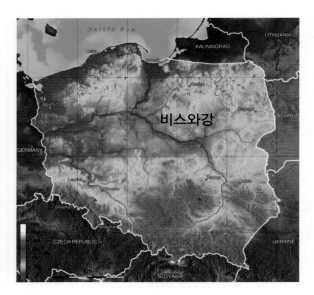

비스와강

그림 2 **폴란드의 지형과 비스와강**

와(Wisła, 영어 Vistula 비스툴라)강이 중앙 저지대를 이리저리 흘러 각종 용수(用水)를 제공한다. 비스와강은 폴란드에서 가장 긴 강으로 전장 1,047km다. 북쪽으로 흘러가다가 발트해로 유입한다.그림 2 호소(湖沼)가 흩어져 있는 하류 지역에는 운하가 발달했다. 마수리안(Masurian)호와 블레도우 사막이 있다. 마수리안 호수 지역에는 2천개 이상의 호수가 있다.

폴란드에는 농사짓기 좋은 땅이 넓게 분포해 있다. 저평하고 너른 땅에 비스와강을 비롯한 여러 지천이 구석구석을 누비고 흐르며 농업용수와 생활용수를 공급한다. 기후는 온화하다. 이런 천혜의 자연환경 덕분에 폴란드는 동부 유럽에서 러시아 연방 다음으로 주요 농업국이 되었다. 국토의 절반인 15만km²가 농지다. 이곳에 9백만 명 이상이 산다. 농업 생산액은 GDP의 2.4%다. 농경정착 민족은 땅에 대한 애정이 많다. 이는 애국심으로 발전하기 십상이다. 폴란드인의 애국심은 남다르다.

중남부 타트리 산맥에는 높이 2,503m의 폴란드 최고봉 리시(Rysy)산이 있다. 체코와 슬로바키아 남쪽 국경에는 수데티 산맥과 카르파티아 산맥이 있다. 수데티 산맥과 카르파티아 산맥은 비스와강과 오드라강의 분수령을 이룬다. 오드라(Odra, 독일어 Oder)강의 전체 길이는 840km다. 폴란드-독일 국경

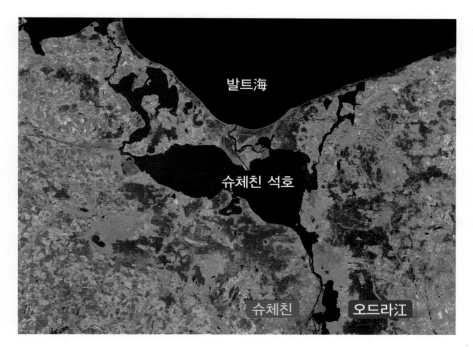

발트海

슈체친 석호

슈체친　　오드라江

그림 3 **폴란드의 슈체친, 오드라강, 슈체친 석호, 발트해**

을 흐르는 구간은 187km다. 폴란드와 독일의 국경을 흐르는 내륙 수상교통의 동맥이다. 1945년 제2차 세계대전 후 체결된 포츠담 협정에서 오데르-나이세 경계선이 독일과 폴란드의 국경선이 되었다. 오드라강은 슈체친 석호에서 발트 해와 합류한다. 오드라강 어귀에 항구도시 슈체친(Szczecin)이 있다. 슈체친은 301km² 면적에 2019년 기준으로 401,907명이 산다. 슈체친 대도시권 인구는 777,000명이다. 14세기에 지은 성 야고보 사도의 슈체친 대성당과 1428년에 건축한 두칼 성이 있다. 러시아 제국 예카테리나 2세 여제의 출생지다. 당시 슈체친은 프로이센 지역이었다.그림 3

　폴란드 기후는 온대에 속해 온화하다. 삼림 면적은 국토의 30%다. 폴란

그림 4 폴란드 왕국의 탄생과 966년 로마 가톨릭 전파

드 서부 포메라이나 그리피노(Grifino) 지역에 소나무가 구부러져 자라있는 숲(crooked pine forest)이 있다. 1930년경 노베 차르노보 마을에 400그루의 소나무를 심었다. 각 소나무는 지면 바로 위에서 북쪽으로 급격히 구부러졌다가 1-3m 옆으로 이동한 후 다시 똑바로 구부러져 솟아있다. 굽은 소나무는 곧은 소나무 숲으로 둘러싸여 있다. 뒤틀린 소나무 숲은 연구의 대상이다.

폴란드 왕국은 9-10세기에 걸쳐 폴라니에(Polanie) 등 서(西)슬라브 부족의 합병으로 탄생했다. 966년 4월 14일 로마로부터 로마 가톨릭을 받아들였다.그림 4 폴란드 최초의 역사적 통치 왕조는 960년에 시작한 피아스트 왕조(Piast Dynasty, 960-1370)다. 초대 국왕은 Mieszko I(미에슈코 1세, 재위 960-992)다.그림 5 카지미에시 3세(재위 1333-1370, 영어 Casimir III)는 폴란드에 공헌한 이상적인 군주로 설명되는 대왕이다. 국제문제를 해결하여 폴란드의 위상을 높였고, 폴란드 법전을 정비했으며, 사회 하부구조를 구축했다. 후사가 없어서 피아스트 왕조는 1370년에 끝났다. 카시미에시 3세는 크라쿠프의 바벨 성당 영묘(靈廟)에 안장되어 있다.그림 6

그림 5 **폴란드의 미에슈코 1세와 피아스트 왕조**

그림 6 **폴란드의 카지미에시 3세와 야드비가 여왕**

**그림 7 폴란드-리투아니아 연방**

1386년 리투아니아의 요가일라 대공(재위 1377-1392)과 폴란드의 여왕 야드비가(Jadwiga, 재위 1384-1399)가 결혼하여 야기에우워 왕조(Jagiello-nowie, 1386-1596)를 세웠다.그림 6 결혼한 요가일라는 야기에우워 왕조에서 폴린드의 브와디스와프 2세(재위 1386-1434)로 재위했다.

1454년 카지미에시 4세는 함스부르크의 엘리자베스와 결혼했다. 카시미에시 4세 사이에 태어난 6명의 아들과 7명의 딸들로 엘리자베스는 「야기에우워의 어머니」로 불렸다. 자녀들의 결혼으로 야기에우워 왕조는 번성했다. 한때 보헤미아와 헝가리까지 장악했다. 그 후 야기에우워 왕조는 폴란드-리투아니아계와 헝가리-보헤미아계로 분열되었다. 헝가리-보헤미아계는 모하치 전투에서 러요시 2세가 전사하여 합스부르크 왕가로 넘어갔다. 1596년 폴란드-리투아니아계 왕 지그문트 2세를 끝으로 야기에우워 왕조는 마감했다.

1569년 폴란드 루블린에서 체결된 루블린 조약으로 Polish–Lithuanian Commonwealth(폴란드-리투아니아 연방, 1569-1795)이 설립되었다. 폴란드는 이 연방 기간을 폴란드 제1공화국(First Polish Republic, 1569-1795)으로 칭했다. 연방은 16세기와 17세기 초까지 황금기를 누렸다.그림 7

시대의 흐름은 폴란드-리투아니아 연방 주변에 절대주의 국가인 러시아, 브란덴부르크 프로이센, 합스부르크 오스트리아의 등장으로 흘렀다. 이들

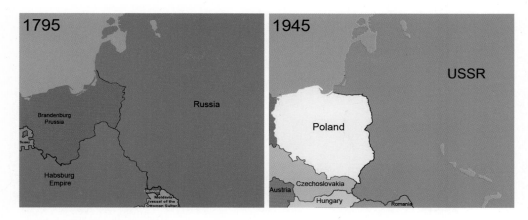

**그림 8 폴란드의 분할과 수복**

절대주의 국가는 1795년 폴란드-리투아니아 연방 영토를 분할해 가져가는 폴란드 분할(partitions of Poland)을 자행했다. 폴란드-리투아니아 연방은 1569년부터 1795년까지 지속된 국가 존립을 접어야만 했다. 폴란드는 1918년 제1차 세계대전이 끝날 때까지 국권을 잃은 상황에 놓였다.그림 8

폴란드는 1795-1918년 기간 동안 3국의 분할 통치를 받아야 했다. 1807년 프로이센을 정복한 프랑스의 나폴레옹은 바르샤바 공국(1807-1815)을 세웠다. 나폴레옹 실각 후 1815년의 빈 회의에서 바르샤바 공국은 폴란드 입헌왕국(1815-1867)으로 변했다. 러시아 알렉산드르 1세가 폴란드 국왕이 되었다. 분할된 폴란드의 러시아령 구역에 러시아 제국과의 동군연합 국가가 들어서면서 1867년에 러시아령 폴란드로 바뀌었다.

폴란드는 1795년부터 1918년까지 국가 없이 지내던 기간을 종식하고 제1차 세계대전 이후 1918년에 독립을 되찾았다. 폴란드의 독립은 1919년 6월 28일 체결된 베르사유 조약에 의해 확정됐다. 폴란드 제2공화국(Second Polish Republic. 1918-1939)이 성립되었다. 폴란드는 독일·오스트리아·러시아 제국으

그림 9 **폴란드의 아우슈비츠 강제 수용소**

로부터 독립하여 폴란드 제2공화국으로 출발한 1918년 11월 11일을 독립기념일로 했다. 그러나 1939년 나치가 폴란드를 쳐들어 오면서 제2차 세계대전이 터졌다. 21년간 존속했던 폴란드 제2공화국은 무너졌다. 나치는 무력으로 폴란드를 점령했다.그림 8

　　제2차 세계대전의 전쟁 중에 대학살(Holocaust)이 자행됐다. 나치는 독일 점령지 전반에 걸쳐 약 1천 1백만 명을 학살했다. 사망자 중 유태인은 약 6백여만 명이었다. 1943년 30만 명 유대인이 사는 바르샤바 게토에서 독일군에 대항하는 봉기(Warsaw Ghetto Uprising)가 일어났으나 진압되었다. 나치는 바르샤

그림 10 **요한 바오로 2세와 바르샤바 미사 집회**

바에서 약 300km 떨어진 아우슈비츠 강제 수용소(Auschwitz Nazi Concentration Camp) 등에서 학살을 저질렀다.그림 9

제2차 세계대전이 끝난 1945년에 이르러 폴란드는 영토를 수복했다. 폴란드의 러시아 부분이 줄고 독일 부분이 늘어났다. 1947년에 폴란드 인민 정부(Polish People's Republic, 1947-1989)가 들어섰다. 빌리 브란트는 바르샤바 게토 반란 기념비 앞에서 무릎을 꿇고 독일인의 잘못을 뉘우치며 희생자들에게 사죄했다. Kniefall von Warschau(바르샤바 무릎꿇기)로 표현하는 무릎꿇기는 1970년 12월 7일에 행해졌다. 독일 수상이었던 그는 1971년 노벨평화상을 받았다.

교황 요한 바오로 2세가 1979년에 바르샤바를 찾아가 미사를 집행했다. 그는 '폴란드가 새로워져야 한다'고 설교하여 폴란드인들에게 민주화의 동기를 부여했다.그림 10 1980년 그단스크에서 레흐 바웬사를 중심으로 솔리다르노시치(Solidarność, Solidarity) 자유노조 운동이 시작되었다. 1983년 요한

**그림 11 2014년의 폴란드 바르샤바 독립 기념일 행진**

바오로 2세는 재차 바르샤바를 찾아 솔리다르노시치를 지지했다. 1989년 6월 4일 선거로 폴란드의 공산정권이 무너졌다. 1990년 레흐 바웬사가 선거로 대통령이 되면서 폴란드는 민주주의 공화국으로 돌아섰다. 폴란드 제 3공화국(Third Polish Republic, 1989- )이 수립되어 오늘날의 폴란드 공화국으로 이어지고 있다. 1999년 NATO에, 2004년 유럽연합에 가입했다. 폴란드는 1795-1918년의 123년간, 1939-1989년의 50년간 외세에 시달렸으나, 국권을 회복하고 자유시장 경제에 입각한 민주국가로 일어섰다. 2014년 정부 인사들과 국민들은 1918년 11월 11일 독립기념일을 기념하여 바르샤바 거리를 행진했다.그림 11

**그림 12 폴란드의 체스토호바 야스나 고라 수도원과 검은 성모**

폴란드는 총 인구의 87%가 가톨릭을 믿고 있다. 966년 가톨릭을 받아들인 후 지금까지 가톨릭 신앙은 폴란드의 정체성을 유지하는 중심이라고 해석한다. 교황 요한 바오로 2세가 폴란드 바도비체(Wadowice) 출신이다. 폴란드는 종교성과 신앙심이 깊은 국가다. 폴란드의 의미 있는 성소(聖所)는 1382년에 세워진 체스토호바(Częstochowa)의 야스나 고라 수도원(Jasna Góra Monastery)이다. 이곳에 폴란드 성물인 체스토호바의 검은 성모(Czarna Madonna)라는 성화(聖畫)가 모셔져 있다. 이 성화는 성녀 헬레나가 326년 예루살렘에서 발견했다고 전해진다. 이후 여러 과정을 거쳐 14세기 경 체스토호바에 모셔졌다. 이 성화는 여러 차례 기적을 일으켰다고 한다. 성화의 얼굴에는 2개의 흉터가 있다. 1430년 후스(Hus) 파(派)가 야스나 고라에 들어왔을 때 이 성화를 가지고 가려 했을 때 생겼다 한다.그림 12

폴란드는 경제 강국을 지향하고 있다. 2020년 직업별 노동력은 농업 9.7%, 산업 31.5%, 서비스업 58.8%다. 전전(戰前)은 농업국이었다. 폴란드

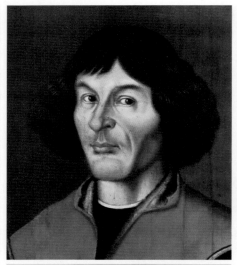

그림 13 **폴란드의 니콜라우스 코페르니쿠스와 프레데리크 쇼팽**

의 농지 면적은 전체 국토 면적의 절반 정도다. 전후(戰後)에는 공업화 정책을 지향해 공업국으로 변했다. 수차례의 경제계획을 통해 중화학공업과 기계공업이 선도적인 공업부문이 되었다. 무연탄과 갈탄 생산량은 세계적이다. 철강·조선·자동차·화학·섬유공업이 활성화됐다. 내륙 가항수로(可航水路)의 이용이 활발하다. 폴란드 상업 거래는 1379년 비스와강 하류의 그단스크(Gdańsk, 독일어 Danzig)에서 시작되었다. 폴란드 증권 거래소는 1828년에 삭손(Saxon) 궁전에 세워졌다. 1991년에 바르샤바 증권 거래소가 설립됐다. 2021년 1인당 GDP는 16,930달러다. 노벨상 수상자는 19명이다.

폴란드에는 세계적으로 알려진 인물이 있다. 니콜라우스 코페르니쿠스(1473-1543)는 전설적 학자다. 폴란드어로 미코와이 코페르니크(Mikołaj Kopernik)라 한다. 영어로는 Nicolaus Copernicus로 표기한다. 그는 폴란드어, 독일어, 라틴어, 그리스어, 이탈리아어에 능했다. 그는 천문학자, 철학자, 교회법 박사로 폴란드 야기에우워 대학과 이탈리아 대학에서 수학했다. 1543년 발표한 저서 『천구의 회전에 관하여』에서 지동설을 주장했다. 천체와 지구는 모두 구형(球形)이며 원운동(圓運動)을 한다고 전제했다. 그는 지구가 중심이고 천체가 원운동을 한다는 당대의 천동설(天動說)을 완전히 뒤집었다. 오히려 태양이 중심이고 지구가 원운동을 한다는 태양중심설의 지동설(地動說)을 역설했다. 그의 논리 반전을 「코페르니쿠스적 전환」이라고 표현한다. 그의 지동설은 그리스 천문학자 아리스타르코스의 사상에서 영감을 얻었다 한다. 바르샤바에 그의 동상이 세워져 있다.그림 13

1810-1849년의 기간에 활동한 Fryderyk Chopin(프레데리크 쇼팽)은 「피아노의 시인」으로 불린다. 작곡가, 피아니스트로 헝가리의 리스트와 견준다. 조국을 사랑한 독립운동가로 폴란드 사람들이 존경하는 위인이다. 2001년 폴란드 공항이 바르샤바 쇼팽 국제공항으로 명명됐다.그림 13

1867년 폴란드에서 태어난 Marie Curie(마리 퀴리)는 방사능 연구로 노벨 물리학상과 화학상을 수상했다. 프랑스 파리에서 연구했다. 1898년 퀴리 부부는 우라늄염보다 400배나 감광작용이 강한 원소를 발견하여 「폴로늄」이라 명명했다. 마리의 조국 폴란드를 기리는 이름이었다. 마리는 우라늄이나 폴로늄처럼 자연계에서 감광·전리·형광작용을 나타내는 물질을 방사성 물질이라고 칭했다. 그리고 감광작용이 우라늄보다 250만 배나 강한 「라듐」원소를 발견했다. 라듐은 '강력한 빛을 방사한다'는 뜻이다. 마리 퀴리와 남편 피에르 퀴리는 라듐 연구로 1903년 노벨 물리학상을 받았다. 1911년에는 마리 퀴리 단독으로 라듐 관련 화학물 연구로 노벨 화학상을 수상했다. 1934년에 마리 퀴리는 방사선에 피폭되어 67세로 영면했다. 1995년 마리와 남편 피에르의 유해를 파리의 팡테옹으로 이장했다. 그러나 마리의 유해에서 상당량의 방사선이 방출되어 납으로 만든 방사선 차단 관에 넣어 매장했다. 그

그림 14 **폴란드의 마리 퀴리, 피에르 퀴리, 이렌**

녀가 사용했던 실험도구를 비롯한 모든 물품이 방사선에 노출된 것으로 판단해 라듐의 반감기인 1,600년 동안 납으로 만든 특수 차폐 용기에 넣어 보관하기로 했다. 딸 이렌은 남편 졸리오퀴리와 함께 1935년『인공 방사선 원소의 연구』로 노벨 화학상을 수상했다.그림 14

　　Papa Geovanni Paolo II(요한 바오로 2세)는 1978-2005년 사이에 교황으로 재임한 제264대 로마 교황이다. 폴란드어로「카롤 유제프 보이티와」라 불리는 그는 크라쿠프의 야기에우워 대학에서 수학했다. 그는 최초의 슬라브계 교황이다. 그는 동유럽의 반공주의 운동을 지원하고, 세계 평화를 호소했으며, 생명윤리를 비롯한 전통적 기독교 도덕관을 설교했다. 폴란드어를 위시하여 10개 국어를 구사했다. 100개 이상의 나라를 다니면서 종교의 범위를 넘어 온건한 자세로 세계적 갈등을 조정해 존경을 받았다. 그는 2005년 85세 나이로 영면했다. 2014년 교황 프란치스코에 의해 시성되었다.

　　로자 룩셈부르크는 1900년대 초반에 사회주의 운동가로 활동했다. 레흐 바웬사는 자유 노동운동으로 1990-1995년 기간에 폴란드 대통령을 지냈다. 폴란드에서는 여성의 사회 진출이 보편화되어 있다.

마주르카(mazurka)는 3박자의 폴란드 민속춤곡이다. 프레데리크 쇼팽이 1827-1849년 사이에 마주르카를 작곡했다. 보통 속도의 3/4박자로 된 플로네이즈(polonaise)는 폴란드 춤곡이다.

그림 15 **폴란드의 수도 바르샤바**

# 02 수도 바르샤바

바르샤바(Warszawa, Warsaw)는 폴란드의 수도이며 최대 도시다. 2020년 기준으로 517.24km²면적에 1,793,579명이 거주한다. 바르샤바 대도시권 인구는 3,100,844명이다. 바르샤바에 사는 사람을 바르소비안(Varsovian)이라 한다. 바르샤바는 「북쪽의 파리」로 알려져 있다. 폴란드의 과거와 현재가 어우러진 바르샤바의 도시경관은 동부 유럽의 생활 양식을 잘 보여준다. 제조업, 철강업 등이 이루어지는 공업 도시다.그림 15

바르샤바는 비스와강 연안의 작은 어촌 마을 이름이었다. 전설에 따르면 도시 이름은 어부인 바르스(Wars)와 그의 아내인 사바(Sawa)에서 유래했다. 사와는 비스와강에 사는 인어였으며 전쟁으로 바르스와 사랑에 빠졌다 한다.

13세기 후반부터 조성된 바르샤바의 구(舊)시가지 광장에는 바르샤바 인어상(Mermaid of Warsaw)이 있다. 청동으로 된 인어상은 1855-1928년의 기간에 제작되고 보수하여 현재에 이르고 있다. 인어 이야기는 1622년에 등장했다. 전설에서는 돈 많은 상인이 인어를 덫에 가두었으나, 그녀의 울음소리를 들은 어부들이 그녀를 구출했다. 이를 계기로 인어는 검과 방패로 무장하여 도시와 주민들을 보호한다고 한다.그림 16 바르샤바 시내에는 여러 곳에 다양한 인어상이 있다. 인어상을 토대로 한 현재의 바르샤뱌 문양이 1938년에 만들어졌다. 공개 경쟁을 통해 채택된 인어 형상의 바르샤바 공식 로고가 2006

그림 16 **폴란드의 바르샤바 인어상(像)과 구시가지 광장**

년에 공개됐다.

바르샤바는 1280년에 마조비아 공작에 의해 세워졌다. 1344년 마조비아 공국의 수도가 되었다. 마조비아 공작령에 속한 어촌이었던 바르샤바는 폴란드 왕국에 편입되었다. 1596년 Sigismund III Vasa(지기스문트 3세 바사)는 폴란드 왕궁을 고도(古都) 크라쿠프에서 바르샤바로 이전했다. 폴란드-리투아니아 연방 수도였던 크라쿠프는 외세에 시달리고 페스트 질병으로 고초를 겪었다. 지기스문트 3세 바사는 1587-1632년 기간에 폴란드 왕과 리투아니아 대공을, 1592-1599년의 기간에 스웨덴 왕과 핀란드 대공을 겸임했다. 1644년에 지기스문트의 기둥(Sigismund's Column)이 바르샤바 성(城) 광장(Castle Square)에 세워졌다. 붉은 대리석으로 만들어진 코린트식 기둥이다. 높이 8.5m다. 갑옷을 입은 2.75m 높이의 지기스문트 3세 조각상에는 한 손에 십자가가, 다른 한 손에 칼이 들려져 있다. 기둥의 22m 높이에 4마리의 독수리가 조각되어 있다.그림 17 1611년에 이르러 바르샤바는 정식으로 폴란드 수도가 되었다.

그림 17 **폴란드 바르샤바의 지기스문트 3세 바사 동상과 성(城) 광장**

　1795년 폴란드 분할로 바르샤바는 프로이센령이 되었다. 1807년 나폴레옹이 바르샤바 공국을 세워 1815년까지 바르샤바는 폴란드 중심도시로 유지됐다. 1815년 이후 러시아가 폴란드를 지배했다. 바르샤바에서는 여러 차례 민족 운동이 일어났다. 1830-1831년의 11월 봉기에 이어 1863년 1월 봉기를 일으켰으나 무위로 끝났다. 1918년 폴란드가 독립하면서 바르샤바는 다시 폴란드의 수도로 정해졌다.

　1939년 나치 독일이 쳐들어왔다. 제2차 세계대전 이전에 바르샤바에 유대인이 많이 살았었다. 1943년 나치는 유대인 거주지역 게토에 살던 유대인을 폴란드 내 강제 수용소로 보냈다. 1944년 8월 1일부터 63일간 바르샤바 시민들이 봉기를 일으켜 나치에 대항했으나 성공하지 못했다. 제2차 세계대전 중에 독일군에 의해 바르샤바의 85%가 파괴되었다.

그림 18 현대도시로 탈바꿈한 폴란드의 수도 바르샤바

그림 19 폴란드 바르샤바의 구 시가지 광장

1945년 1월에 소련군이 바르뱌사에 들어왔다. 공산주의 정권 때인 1955년 소련의 제안으로 동구권 8개국의 군사동맹체인 바르샤바 조약기구(1955-1991)가 발족되기도 했다. 이에 대해 북대서양 연안에 있는 국가들은 1949년에 국제 군사동맹 기구인 북대서양 조약 기구(NATO)를 창설했다. 1989년 소련의 붕괴로 폴란드는 자유국가로 바뀌었다.

2차대전 이후 폴란드는 다시 바르샤바를 일으켜 세워 현대도시로 탈바꿈시켰다.그림 18 옛 도심을 본래 모습으로 복원하는 구시가지 복구 작업을 펼쳤다. 1980년 바르샤바 구시가지, 신시가지, 교외 거리, 신세계 거리, 바르샤바 궁전들을 포함한 바르샤바 역사지구는 유네스코 세계 유산에 등재되었다.그림 19

그림 20 **폴란드의 바르샤바 대학교**

바르샤바 대학교(University of Warsaw)는 1816년 폴란드 왕립 대학(Royal University)으로 설립되었다. 폴란드에서 가장 오래된 크라쿠프 야기에우워 대학교에서 분리하여 바르샤바 대학교를 세웠다. 알렉산드르 1세는 법률, 정치학, 의학, 철학, 신학, 인문학 학부 설립을 허가했다. 도서관 건물 외부와 내부가 특색이 있다.그림 20

코페르니쿠스 과학센터(Copernicus Science Centre)는 2010년에 비스와 강변에 세워졌다. 천문관이 특징적이다. 방문자가 혼자 실험하고 과학법칙을 발견하는 대화형 전시물이 450여 개가 있다. 코페르니쿠스가 신과 대화하는 밀랍인형이 크라쿠프의 야기에우워 대학교 박물관에 있다.

그림 21 **폴란드 바르샤바의 문화 과학 궁전**

1901년 바르샤바 국립 필하모닉 관현악단이 창단되었다. 1927년부터 쇼팽을 기념하여 쇼팽 국제 피아노 콩쿠르가 개최된다. 1954년에 바르샤바에 프리데리크 쇼팽 박물관을 지어 쇼팽에게 헌정했다.

바르샤바의 대통령궁은 1643년부터 사용되던 궁을 개보수를 해서 1994년부터 대통령 관저로 활용되고 있다. 대통령 궁 앞에 요제프 포니아토프스키 왕자의 동상이 서있다. 바르샤바 봉기 박물관은 「1944년 바르샤바 봉기」

60주년을 기념하여 2004년에 개관했다.

1955년 문화 과학 궁전이 건립됐다. 37층 탑이 있으며, 높이가 237m다. 1952년 스탈린이 「소련 인민의 선물」이라며 건축하게 했다. 1953년 모스크바대학교 본관 건물을 지었던 레프 루드네프가 세웠다. 빌딩은 기업, 극장, 박물관, 운동 시설, 방송 수신탑 등이 있는 복합 건물이다. 공산 정권 붕괴 후 철거 위협에 시달렸으나 「잊지 말아야 할 아픈 과거를 상징하는 건물」로 남아 있다.그림 21

그림 22 **폴란드 바르샤바 와지엔키 공원**

그림 23 **폴란드 바르샤바 와지엔키 공원 쇼팽 기념비와 피아노 공연**

바르샤바에는 자연 환경이 아름다운 와지엔키 공원이 있다. 와지엔키는 '욕탕'이란 뜻이다. 공원 내 건물에 욕탕이 여러 개 있어서 붙여진 이름이다. 왕립 온천 공원(Royal Bath Park)이라고도 한다. 17세기에 귀족을 위한 목욕탕으로 설계됐다. 18세기에 궁전, 별장 등의 용도로 변경되었다. 1918년에 공원으로 지정되었다. 쇼팽 기념 조각상이 있고 음악, 예술, 문화의 공연장으로 활용되고 있다.그림 22, 23

바르샤바에는 교회가 많다. 1783년에 지은 신고전주의 양식의 로마 가톨릭의 카르멜 교회와 1782년에 건축한 루터교 성(聖) 삼위일체 교회 등이 있다. 바르샤바 대극장은 1883년에 문을 열었다. 오페라와 발레 공연이 이뤄지며 2천명 이상의 좌석이 갖춰져 있다.그림 24

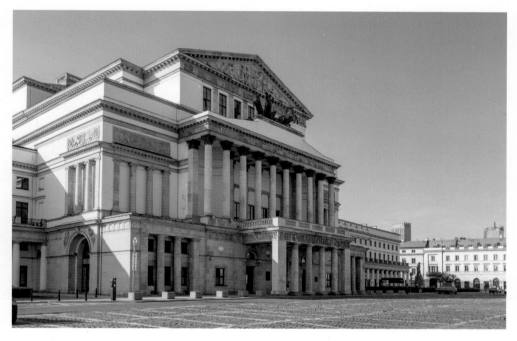

그림 24 **폴란드의 바르샤바 대극장**

그림 25 폴란드 크라쿠프의 바벨성

# 03 구(舊) 수도 크라쿠프

크라쿠프(Kraków, Krakow)는 폴란드 제2도시다. 비스와강에 연한 하항이다. 2019년 기준으로 326.8km² 면적에 779,115명이 산다. 크라쿠프 대도시권 인구는 1,725,895명이다. 크라쿠프의 이름은 크라쿠프의 창시자인 크라쿠스(Krak, Grakch)에서 유래했다. 크라쿠프는 바벨 언덕의 작은 마을에서 시작했다. 965년에 이르러 중부 유럽에서 번영하는 교역 중심지로 성장했다. 크라쿠프는 1038-1596년 사이에 폴란드-리투아니아 연방의 수도였다. 브와디스와프 1세 때인 1320년에 바벨 성에서 대관식을 가졌다. 1596년 폴란드 수도를 바르샤바로 옮겼다. 1978년에 크라쿠프 구시가지가 유네스코 세계 유산으로 등재됐다. 2000년에 유럽 문화수도로 선정되었고, 2013년에 유네스코 문화 도시로 승인되었다.

비스와강 제방의 석회암 노두에 해발고도 228m의 바벨(Wawel)성을 쌓았다. 13-14세기에 고딕 양식으로 지은 바벨성은 요새화된 건축 단지였다. 500여 년 동안 폴란드 군주의 거성(居城)이었다. 1499년에 화재(火災)가 났다. 바벨성은 1502-1536년 사이에 르네상스 양식으로 개조되었다.그림 25 바벨성 안뜰의 건축 양식은 인상적이다. 바벨성 안에 바벨 대성당, 지기스문트 예배당, 바사 예배당 등이 있다. 폴란드 왕의 영묘와 중세의 왕실 물품 등을 전시하는 박물관으로 활용되고 있다.

그림 26 **폴란드 크라쿠프의 바벨 대성당, 바사 예배당, 은종탑, 지기스문트 예배당, 금종탑**

바벨성 안의 바벨 대성당은 11세기에 지었으나 화재로 14세기에 다시 개축했다. 로마 가톨릭 성당이다. 역대 폴란드 군주의 대관식이 거행되었던 장소다. 1978년에 교황 바오로 2세가 선출되었다. 그는 1946년 11월 1일에 사제 서품을 받고 11월 2일에 바벨 대성당 지하에서 첫 미사를 집전했다. 그는 1958년 9월 이곳에서 크라쿠프 대교구의 보좌 주교로 서임되었으며, 나중에 크라쿠프 대주교가 되었다. 황금색 종탑의 지기스문트 예배당은 '알프스 북쪽에서 보여주는 르네상스의 아름다운 사례'로 평가받았다. 지기스문트 왕의 재정 지원으로 바르톨로메오 베레치가 설계했다. 1519-1533년 기간에 완성했다. 이곳에 지기스문트 왕 등의 영묘가 있다. 지기스문트 예배당 옆에 있는 은색 종탑 예배당은 비사 예배당이다.그림 26

**그림 27 폴란드 크라쿠프의 중앙 광장, 직물 회관, 시청 타워, 아담 미키에비치 기념비**

크라쿠프 중앙 광장(Main Square)은 1241년부터 조성된 3.79ha 면적의 도심 광장이다. 광장에는 오래된 타운하우스와 교회가 있다. 광장의 중심에 수키에니체 직물(織物) 회관(Cloth Hall)이 있다. 고딕 양식으로 지었으나 1555년 르네상스풍으로 개축했다. 1층은 상점이고, 2층은 박물관이다. 직물 회관 뒤에 시청 시계탑이 있다. 14세기에 건축했다. 1703년 폭풍으로 훼손되었다. 1967년에 개보수했다. 그리고 광장에는 11세기에 세운 성 아달베르크 교회, 1347년에 축성한 성 마리아 대성당, 1898년에 건립한 폴란드 낭만주의 시인 아담 미키에비치 기념비가 있다.그림 27 성 마리아 대성당에서 내려다보면 녹지가 펼쳐진 크라쿠프 도시경관이 한눈에 들어 온다.

그림 28 **폴란드 크라쿠프의
야기에우어 대학교**

1364년에 카시미에시 3세 대왕이 설립한 야기에우워 대학교(Jagiellonian University)는 폴란드에서 가장 오래된 대학이다. 폴란드를 대표하는 우수한 인재들을 배출했다. 2021년 기준으로 교직원 3,942명이 재직 중이며 35,517명의 학생이 재학 중이다.그림 28

플랜티 공원(Planty Park)은 크라쿠프 푸르름의 정수다. 공원 면적은 21,000㎡이고 길이는 4km다. 기념물과 분수로 이루어진 30개의 작은 정원으로 구성되어 있다. 코페르니쿠스, 야드비가 여왕 등 20여 개의 역사적 인물 동상이 세워져 있다.그림 29

크라쿠프에 1990년까지 노바 후타(Nowa Huta) 지구가 사회주의 공학의 사례로 건설됐다. 노바 후타 지구에는 2014년 기준으로 65.41km² 면적에 54.588명이 거주한다. 공원과 녹지, 거주지, 건물 배치, 도시 기능 계층화 등 도시의 기능과 환경을 고려하여 조성했다. 크라쿠프는 석탄과 나무로 난방을 했기 때문에 대기가 좋지 않은 상황이었다.그림 30

그림 29 폴란드 크라쿠프의 플랜티 공원

그림 30 폴란드 크라쿠프의 노바 후타

폴란드에는 농사하기 좋은 땅이 널려 있다. 국토의 대부분이 평탄하고 완만한 땅이다. 이 땅에 비스와강을 비롯한 여러 하천이 구석구석을 누비고 흐르며 농업용수와 생활용수를 공급한다. 기후는 온화하다. 이런 천혜의 자연환경 덕분에 폴란드는 주요 농업국이 되었다. 농경 정착 민족은 땅에 대한 애정이 많다. 이는 애국심으로 발전하는 경우가 많다.

폴라니에 등 슬라브 6개 부족은 이곳에 둥지를 틀었다. 960년 미에슈코 1세는 폴란드 최초의 왕조를 세웠다. 966년에는 로마 가톨릭 기독교를 받아들였다. 1386년 폴란드와 리투아니아는 함께 야기에우워 왕조를 열었다. 야기에우워 왕조는 보헤미아와 헝가리를 관리했다. 1569년에는 폴란드-리투아니아 연방이 설립되었다. 연방은 16세기와 17세기 초까지 황금기를 누렸다. 1795년에 이르러 폴란드-리투아니아 연방은 주변의 강대국에 의해 영토가 분할되었다. 폴란드는 국권을 잃고 1918년 제1차 세계대전이 끝날 때까지 주변국의 분할 통치를 받아야 했다. 1918년 폴란드는 독립했다. 그러나 1939년 나치의 침공을 받았다. 1945년 제2차 세계대전이 끝나면서 소련의 지배 아래 들어갔다. 험난한 세월이 여지없이 흘렀다. 폴란드는 남다른 애국심과 각별한 신앙심으로 인고(忍苦)의 나날을 견디었다. 동구권에 자유화 물결이 불었다. 1989년 폴란드는 민주국가로 다시 태어났다.

공용어는 폴란드어다. 폴란드 전체인구의 96.7%가 폴란드인이다. 폴란드는 경제 건설에 박차를 가해 공업국가로 변모했다. 2021년 1인당 GDP는 16,930달러다. 노벨상 수상자는 19명이다. 폴란드 총 인구의 87%가 가톨릭을 믿고 있다. 966년 가톨릭을 받아들인 후 가톨릭 신앙은 폴란드의 정체성을 지켰다. 폴란드는 지동설의 코페르니쿠스, 피아노의 시인 쇼팽, 노벨 물리학상·화학상 2관왕 마리 퀴리, 교황 요한 바오로 2세를 배출해 폴란드의 이름을 세계에 알렸다.

1596년 폴란드는 수도를 크라쿠프에서 바르샤바로 이전했다. 바르샤바는 폴란드 수도가 되어 「북쪽의 파리」로 발전했다. 바르샤바는 폴란드의 영고성쇠(榮枯盛衰)를 오롯이 반영한 폴란드의 중심이다. 폴란드-리투아니아의 수도였던 크라쿠프에는 아름다운 중세 도시경관이 고스란히 남아 있다.

27

# 체코 공화국

블타바강

그림 1 체코 공화국

# 01 체코 전개과정

체코 공화국은 체코어로 Česká republika라 표기하며,「체스카 레푸블리카」라 발음한다. 영어로 Czech Republic이라 쓴다. 약칭으로 체스코(Česko) 또는 체코(Czech)라 한다. 내륙국이며 수도는 프라하다. 2011년 기준으로 78,871km² 면적에 10,436,560명이 거주한다. 체코의 국토는 프라하를 중심으로 하는 서쪽의 보헤미아(Bohemia) 지방, 동남부의 모라비아(Moravia) 지방, 동북부의 체코령 실레시아(Czech Silesia) 지방으로 나뉜다.그림 1

보헤미아는 갈리아 부족인 '보이(Boii)의 고향'이라는 뜻이다. 전설에는 그들의 지도자 Čech(체흐)가 부족과 함께 보헤미아에 정착했다 한다. Čech에서 Czech(체크)가 나왔다. Čech는 어원적으로 '국민의 구성원, 친족'이라는 뜻이다. 보헤미아를 Čechy(체히)로 표현한다. 체코인은 a Czech person으로 나타낸다. 여기에서의 Czech는 '체코의'라는 뜻의 형용사다.

체코인은 중앙 유럽에 정착한 서슬라브족의 후손이다. 2011년 인구조사에서 체코인이라고 응답한 사람이 64.3%였다. 모라비아인이 5.0%, 슬로바키아인이 1.4%였다. 국적을 말하지 않은 사람이 25.3%였다. 공식어는 체코어다.

블타바(Vltava, 독어 Moldau)강은 체코에서 가장 긴 강으로 430km다. 슈마바 산맥에서 발원하여 프라하를 거쳐 멜니크(Melnik)에서 엘베(독일어 Elbe, 체코어

그림 2 **체코의 블타바강**

Labe)강과 합류한다.그림 2

국기는 체코슬로바키아 시절이었던 1920년에 제정되었다. 체코의 보헤미아 깃발에 바탕을 두었다. 하얀색과 빨간색은 보헤미아 기(旗)에 있던 색이다. 파란색 삼각형은 이웃 나라 국기와 구별하려고 1920년에 추가되었다. 파란색 삼각형은 슬로바키아의 상징이다. 1993년 슬로바키아와 분리되었으나 그대로 사용하고 있다. 흰색은 체코 국민과 자연을, 빨간색은 용기와 애국심을, 파란색은 진실과 충성을 의미한다.그림 3

체코에는 높은 산지가 많다. 스네즈카산이 1,603m로 체코에서 제일 높다. 스네즈카는 '눈 덮힌 꼭대기'란 뜻이다. 체코에는 블타바강, 엘베(라베)강, 모라바강, 오르제강 등이 흐른다. 체코의 기후는 습기가 많은 대륙성 기후다.

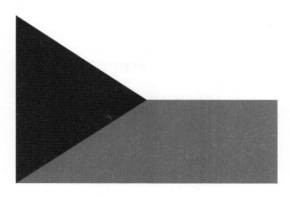

그림 3 **체코 국기**

보헤미아 왕국은 1198년부터 1918년까지 체코 공화국의 전신으로 존재했었다. 1198-1806년 기간에 신성로마제국의 제국 국가였다. 1348년 이후 보헤미아 왕관령의 일부로 변했다. 1804년에는 오스트리아 제국에 속했다. 1806년 신성로마제국이 해체하면서 보헤미아 왕국은 1867년 이후 합스부르크 오스트리아-헝가리 제국의 일부가 되었다. 보헤미아는 1918년까지 보헤미아라는 별도 왕국으로 공식 명칭을 유지했다.

그림 4 **체코의 카를 4세와 100 체코 코루나 지폐**

체코는 14세기 때 룩셈부르크 왕조의 Karl IV(카를 4세, 1316-1378) 때 번성했다. 그는 보헤미아의 카렐 1세 국왕(재위 1346~1378)이자 신성로마제국의 카를 4세 황제(재위 1355-1378)였다. 이탈리아 국왕, 로마 왕, 룩셈부르크 백작이었다. 프라하에서 출생했고 영면했다. 100 체코 코루나 지폐에 카를 4세가 그려져 있다. 1346년에 카를 4세는 프라하를 신성로마제국과 보헤미아의 수도로 정했다.그림 4

그림 5 **체코의 카를 4세 동상과 체코 시청**

　카를 4세는 프랑스 파리를 모델로 프라하 도시 재건 계획을 수립했다. 1348년에 프라하의 신시가지인 Nové Město(노베 므네스토)를 조성했다. 신시가지는 블타바강 오른쪽의 프라하 1, 2, 8지구를 포함한 신도시 지역이다. 프라하 왕립도시(royal city)라고도 불린다. 신도시에는 국립극장, 국립박물관, 뉴타운 홀, 「춤추는 집」 등이 있다. 뉴타운 홀은 1377-1398년에 카를 광장에 지었고, 1743년에 다시 개축했다.그림 5

　1848년 프라하 신시가지 조성 500주년을 맞아 1845-1850년 기간에 프라하에 카를 4세의 동상이 건립되었다. 신시가지 노베 므네스토 거리는 프라하 도시 경관에 새로운 분위기를 조성했다.그림 5

「춤추는 집(Dancing House)」은 댄스 커플 이름을 따서 「진저와 프레드」로도 불린다. 블타바강 오른쪽 제방 모퉁이에 지은 사무실과 회의 용도 건물이다. 1996년에 완공했다. 미국 건축가 프랭크 게리와 체코 건축가 블라도 밀루니치가 설계했다.그림 6 King's Road(왕의 길)에는 옛날 그대로의 마차길이 남아 있다.그림 7

그림 6 **체코 프라하의 「춤추는 집」**

체코의 온천 도시인 Karlovy Vary(카를로비 바리)는 카를 4세의 이름을 따서 지었다. 1349년 카를 4세가 이곳 온천을 발견했다. 카를로비 바리는 1370년 도시 지위를 부여 받았다. 2021년 기준으로 59.08km² 면적에 48,319명이 산다. 프라하에서 서쪽으로 130km 거리에 있다. 300여 개의 온천과 따뜻한 물이 흐르는 테플라강이 있다. 드로르자크 공원이 조성되어

그림 7 **체코 프라하의 왕의 길**

있다. 2021년에 유네스코 세계 유산의 일부로 등재되었다.그림 8

체코는 오랜 기간 동안 가톨릭과 개신교가 반목하며 어려움을 겪었다.

그림 8 **체코의 카를로비 바리**

1372-1415년 기간 활동한 Jan Hus(얀 후스)는 체코 종교개혁의 상징이었다. 그는 프라하 카렐대학교에서 학사학위와 인문학 석사학위를 취득했다. 1400년부터 교양·신학 교수로 활동했다. 1402년에는 총장이 되었다. 로마 가톨릭교회 사제가 되었다. 체코어로 찬송가를 보급했으며, 교회와 성당에서 설교했다. 그는 존 위클리프의 영향을 받아 「성서를 믿음의 유일한 권위」로 강조하는 복음주의적 입장에 섰다. 부패한 성당을 비판했고, 면죄부 판매의 부당함을 질타했다. 이에 대해 교황 요한 23세는 1411년에 얀 후스를 파문했다. 콘스탄츠 공의회는 얀 후스를 화형하기로 결정하여 1415년에 7월 6일 집행했다.그림 9

하지만 후스의 신학 사상은 「보헤미안 공동체」로 발전하여 후스파(Hus-

그림 9 **체코의 얀 후스와 화형**

sites)가 형성되었다. 후스파는 로마 가톨릭교회와 결별했다. 얀 후스의 순교 이후 후스파의 종교개혁은 가열차게 전개됐다. 체코에는 독일의 종교개혁 보다 100년 먼저 개신교 개혁교회가 생겼다. 루터교·칼뱅파 종교도 독일계 보헤미아 주민들 중심으로 확산되었다. 1500년대 체코는 영향력 있는 개신교 국가 중 하나가 되었다.

그러나 17세기에 이르러 보헤미아는 로마 가톨릭의 합스부르크 왕가의 지배를 받게 되었다. 가톨릭교도이며 반종교개혁자인 페르디난트 2세가 보헤미아 왕(재위 1617-1637)이 된 후 개신교 탄압이 본격화되었다. 개신교 예배당이 철거되자 개신교도들이 격렬하게 항의했다. 급기야 1618년 종교탄압에 반발한 개신교 시민들이 프라하 시청사를 습격했다. 시민들은 시 평의원 7명을 창문으로 집어던졌다. 판사와 시장이 포함된 7명은 모두 추락하여 사망했다. 이 사건을 Defenestration of Prague(프라하 창밖 투척 사건)이라 말한다. 시 평의원들이 던져진 시청사 꼭대기 오른 쪽에 기념비가 세워져 있다.

창밖 투척 사건은 1419년과 1618년에 두 차례 일어났다. 개신교 신자인 보헤미아 제후들은 이 창밖 투척 사건을 계기로 단결하여 페르디난트 2세에 반기를 들었다. 반란군 제후들은 다른 개신교 제후들과 연대했다. 창밖 투척 사건은 급기야 1618-1648년 기간의 30년 전쟁을 촉발시키는 사건으로 비화됐다.

한편 보헤미아 왕 페르디난트 2세는 신성로마제국 황제(재위 1619~1637)를 겸임하게 되었다. 그러나 보헤미아의 제후들은 페르디난트 2세를 황제로 인정하지 않았다. 그 대신 개신교 제후연합의 중심인물이었던 라인팔츠 선제후 프리드리히 5세를 보헤미아 왕(재위 1619-1620)으로 선출하고 황제에게 대항했다.

1620년 개신교 동맹 측 보헤미아 군과 가톨릭 합스부르크 스페인 동맹군은 프라하 근교 백산(白山) 전투에서 맞붙었다. 결과는 개신교 측의 궤멸로 끝났다.그림 10 프라하 시민들은 저항하지 못하고 항복했다. 지도자 27명은 프라하 광장에서 처형되었다. 합스부르크 왕가는 보헤미아를 완전 장악했다. 보헤미아 통치권은 가톨릭 중심으로 확립되었다. 재(再) 가톨릭화 과정이 빠르게 전개되었다. 1627년 신(新) 영지조례법으로 의회권력은 무력화되었다. 보헤미아는 합스부르크의 속령으로 전락했다. 합스부르크 왕가는 개신교 제후들의 재산을 몰수하고 국외로 추방했다. 이는 1918-1948년의 30년 종교전쟁이 장기화하는 원인을 만들었다. 30년 종교전쟁 이후 체코는 신성로

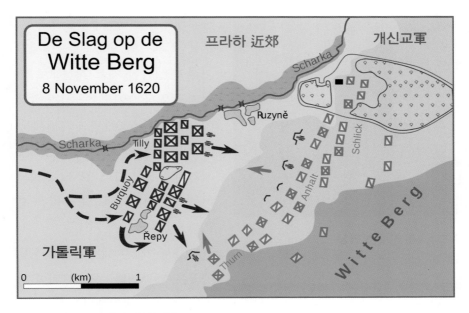

그림 10 **체코 프라하의 백산 전투**

마제국의 로마 가톨릭이 지배하는 구조로 바뀌었다. 체코에서의 가톨릭 우위 양상은 1918년 신성로마제국이 끝날 때까지 지속되었다.

체코인에게 백산 전투 패배는 종교적 의미에서보다 민족적 의미에서 더욱더 뼈아픈 사건이었다. 보헤미아 지역에서 전개된 개신교의 자유는 급작스럽게 종결되었다. 프로테스탄트들은 로마 가톨릭교로의 개종을 강요받았다. 불응할 경우 국외로 망명하거나 추방당했다. 이는 체코 귀족과 개혁 시민의 몰락으로 이어졌다. 체코 국가의 맥이 끊어졌다. 체코 왕국은 합스부르크 왕가의 세습지로 전락했다. 체코는 합스부르크 절대 군주에 편입되었다. 합스부르크 군주국은 1918년까지 300년간 이 지역을 관할했다.

얀 후스의 사상은 독일의 마르틴 루터, 스위스의 장 칼뱅과 츠빙글리 등

그림 11 **체코 프라하의 얀 후스 광장**

그림 12 **체코 프라하의 얀 후스 기념비**

종교개혁가들에게 영향을 미쳤다. 오늘날 후스의 종교관은 18세기 이후에 설립된 체코 개신교로 이어지고 있다. 1915년 구시가 광장에 그의 순교 500주년을 기념해 얀 후스의 동상을 세웠다. 프라하 구시가지 광장은 11세기부터 조성되어 프라하 시민들이 즐겨 찾는 장소다.그림 11, 12

1918년 제1차 세계대전에서 동맹국은 패전했다. 오스트리아-헝가리 제국이 몰락했다. 보헤미아 왕국도 함께 무너졌다. 1918년 10월 28일 체코슬로바키아 국가위원회는 체코슬로바키아(Czechoslovak Republic, Czechoslovakia)의 독립을 선언했다. 신생국 체코슬로바키아가 들어서 제1차 체코슬로바키아가 건국된 것이다. 체코슬로바키아는 1928년에 보헤미아, 모라비아-실레시아, 슬로바키아, 서브카르파티안 루스 등의 구역으로 조정됐다. 제1차 슬로바키아는 1938년까지 존속했다.그림 13

그림 13 **체코슬로바키아 공화국 1928-1938**

　1938년 나치 독일은 체코슬로바키아를 독일에 합병해 1945년 제2차 세계 대전이 끝날 때까지 점령했다. 독일에 합병된 1938-1945년까지를 제2차 체코슬로바키아로 보고 있다. 체코슬로바키아는 1939-1945년까지 나치의 보헤미아 모라비아 보호령으로 존속했다.

　2차 세계대전이 끝난 후 1945년 체코슬로바키아는 소련의 위성국이 되었다. 1945-1948년까지를 제3차 체코슬로바키아로 규정했다. 1948년 쿠데타로 소련의 지원을 받는 공산주의자가 집권했다. 1948-1960년 기간은 체코슬로바키아 공화국이라고 칭하다가, 1960년 이후에 체코슬로바키아 사회주의 공화국으로 바뀠다.

　체코슬로바키아의 공식 명칭은 1918-1992년까지 몇 번 바뀠었다. 1918-1960년까지 체코슬로바키아 공화국, 1960-1990년까지 체코슬로바키아 사회주의 공화국. 1990-1992년까지 체코슬로바키아 연방공화국으로 불렸다. 특히 1969-1990년까지 체코와 슬로바키아는 각각 사회주의 공화국 상태였다. 1993년에는 체코 공화국과 슬로바키아 공화국으로 분리됐다.

1968년 1월 5일부터 8월 21일까지 「프라하의 봄」 자유화 운동이 펼쳐졌다. 슬로바키아 개혁파 Alexander Dubček(알렉산데르 둡체크, 1921-1992)가 공산당 제1서기가 되면서 자유화를 도모하는 일련의 정책을 시도했다. 그러나 소련과 바르샤바 조약 회원국의 무력 침공으로 중단되었다. 무력 침공 과정에서 카렐 대학생이 사망했다. 그를 기려 바츨라프 광장에 시민들이 헌화했다.그림 14

　　체코슬로바키아는 1989년 11월 27일부터 12월 29일까지 비폭력혁명으로 공산당 정권을 무너뜨리고 민주정권을 수립했다. 폭력을 쓰지 않고 펼쳐진 이 정치 사건을 벨벳 혁명(Velvet Revolution)으로 불렀다. 연극 연출가 하벨은 극장에서 1968년의 『프라하의 봄』 등을 공연하면서 탈 공산화 독립의식을 고취했다. 극장 의자가 벨벳 색(色)임을 빗대어 벨벳 혁명이라 명명했다. 1989년 12월 28일 둡체크가 연방의회의장으로 선출되었다. 벨벳 혁명을 이끈 Václav Havel(바츨라프 하벨, 1936-2011)은 선거로 대통령직에 올랐다. 하벨은 「프라하의 봄」으로 희생된 시민들을 기리는 행사를 주관했다.

그림 14 **바츨라프 광장의 「프라하의 봄」 희생자**

둡체크의 공적을 기념하는 명패가 프라하 국립박물관 벽에 걸려 있다. 프라하 시내 도심에서 10km 거리에 허브 공항인 프라하 루지네 국제공항이 있다. 2012년 이 공항은 프라하 바츨라프 하벨 국제공항으로 개명했다. 바츨라프 하벨 대통령 이름을 넣어 공항 명칭을 바꿨다.

1990-1992년 기간에 체코슬로바키아 연방공화국이었다. 그러나 1993년 국민 투표를 통해 체코와 슬로바키아가 분리되었다. 체코는 1992년 12월 신헌법을 채택해 대통령제 민주주의 체제를 구축했다. 대통령은 국가수반으로 임기는 5년이다. 1999년 NATO에, 2004년 유럽연합에 가입했다.

2011년 통계에 의하면 가톨릭 신자 10.4%를 포함하여 기독교 신자가 12.6%다. 종교에 대한 무응답이 44.7%였다. 종교를 믿지 않는다는 사람이 30%를 넘었다. 1921년, 1991년, 2011년의 기독교 인구비율은 89.7%, 43.5%, 12.6%로 감소했다. 가톨릭교는 82.0%, 39.0%, 10.4%로 줄었다.

체코는 10세기 초부터 로마 가톨릭의 영향권으로 들어가 가톨릭 국가가 되었다. 1415년 얀 후스의 순교로 종교개혁이 펼쳐진 후 개신교 신자가 많았다. 1620년 백산 전투 이후 개신교 탄압이 진행되면서 재(再) 가톨릭 과정이 진행됐다. 공산정권의 종교 탄압은 가톨릭과 개신교 모두에게 힘든 시기를 보내게 했다. 1921-1991년의 기간 중 기독교 인구 비율은 절반으로 줄었다. 1991년 자유화 이후 기독교 인구 비율은 급속히 감소했다.

1613년에 완성한 프라하 승리의 성모 성당에 프라하의 아기 예수상(Infant Jesus of Prague)이 모셔져 있다. 스페인의 가톨릭 수도원에서 발현된 아기 예수의 모습대로 제작되었다 한다. 예수상은 1628년에 성당에 기증되었다. 약 60cm 정도의 크기다. 나무로 조각해서 그 위에 밀랍을 씌워 만들었다. 세 살 정도의 아이 모습이다. 대관식용 외투를 걸치고 있다. 머리에는 왕관이 씌워 있다. 왼손에는 십자가가 달려있는 지구의가 들려 있다.

1820년대부터 운행한 체코 철도 교통은 체코와 중앙 유럽을 연결한다. 1875년부터 프라하 노면전차(tram)가 운행되고 있다. 1974년부터 프라하 메트로가 프라하 시내와 근교를 연결한다.

체코는 공업 중심의 경제적 기반 위에 발달했다. 체코의 공업은 오스트리아-헝가리제국 시대부터 시작했다. 제1차 세계대전과 제2차 세계대전을 거쳐, 자유주의 체제로 돌아온 시기까지 꾸준히 발전했다. 체코 공산품 중 트럭, 총, 방산업 제품이 우수하다. 수출품은 기계, 정밀 엔지니어링, 운송 장비, 전자, 의료, 의약품 등이다. 2021년 기준으로 1인당 GDP는 25,732달러다. 노벨상 수상자는 6명이다.

체코에는 세계 백신 프로그램 시장 점유율 상위권인 어베스트(Avast) 보안업체가 있다. 1988년에 출시된 어베스트는 27개 언어로 지원된다. 프라하에 위치한 Avast Software에서 배포한다. 2021년 안정화 버전이 출시됐다. 체코 맥주는 1843년부터 법으로 맥주의 질을 관리해 왔다. 체코 플젠에서 1842년부터 생산한 필스너 우르켈(Pilsner Urquell)은 투명한 맥주로 세계적이다. 맥주 버드와이저도 그 출발은 체코에서 시작된 것으로 알려져 있다.

1348년 4월 7일 카를 4세는 자신의 이름을 딴 프라하 카를대학교를 세웠다. 체코어로 카렐대학교, 영어로 찰스대학교, 프라하대학교라 부르기도 한다. 1088년에 세운 이탈리아의 볼로냐 대학교와 1150년에 설립한 프랑스 파리대학교를 모델로 설립했다. 얀 후스가 카렐대학교 총장을 했다. 작가 카프카, 쿤데라, 시인 라이너 마리아 릴케 등이 카렐대에서 공부했다.그림 15

체코 음악은 민속음악에 근원을 두고 있다. Bedřich Smetana(베드리지흐 스메타나, 1824-1884)는 교향시『나의 조국, *Má vlast*, 1874-1879 *My Country*』, 오페라『팔려간 신부, 1863–1866, *Bartered Bride*』를 작곡했다.『나의 조국』중 제2곡『블타바』만 따로 연주하기도 한다. 스메타나는 체코 민족주의 음악을 확

그림 16 **체코의 스메타나와 드보르자크**

립했다고 평가받았다. 1884년 프라하 블타바 강변에 스메타나 박물관이 들어섰다.그림 16

　　Antonín Dvořák(안토닌 드보르자크)는 체코 민족주의 음악을 세계에 알렸다. 그는 1841-1904년 전 생애 기간 중 대부분을 체코에 머물면서 작곡에 전념했다.『교향곡 9번 마단조 Op. 95 신세계로부터』는『신세계 교향곡 1893』으로도 알려졌다. 미국에 있을 때 작곡했다. 체코의 민족음악 특징과 미국의 인디언과 흑인 음악 속성을 가미했다. 1932년에 드보르자크에 헌정하는 의미로 국립박물관인 안토닌 드보르자크 박물관이 개관됐다.그림 16

# 02 ) 수도 프라하

프라하는 체코어로 Praha, 영어·프랑스어로 Prague(프라그)라 한다. 블타바 (몰다우)강 연변에 있다. 2021년 기준으로 496km² 면적에 1,335,084명이 산다. 프라하 대도시권 인구는 2,709,418명이다. 체코 수도이고 중심 도시다. 시내에 흐르는 블타바강은 너비가 좁은 곳은 100m이고 넓은 곳은 300m다. 몇 개의 지류가 흐른다.그림 17 Praha는 '여울, 급류'란 뜻이다.

870년에 프라하성(城)이 건립되었다. 1085년에 왕의 도시가 되었다. 1346년 카를 4세 때 신성로마제국의 수도로 바뀌었다. 1348년에 카렐 대학교가 세워졌다. 1415년 얀 후스가 종교 개혁으로 순교했다. 1618년 프라하 창밖 투척 사건으로 30년 전쟁의 빌미가 제공됐다. 1621년 프라하 백산 전투에서 패배하여 27명의 체코 영주가 구시가지 광장에서 처형되었다. 1648-1744년의 기간에 프라하는 스웨덴, 프랑스-바이에른, 프로이센에 의해 점령당했

**그림 17 체코의 수도 프라하**

그림 18 **체코 프라하의 흐라드차니와 프라하성**

다. 1890년 프라하에 대홍수가 났다. 1918년 제1차 세계 대전은 프라하의
위상을 바꿨다. 프라하가 체코슬로바키아의 수도가 된 것이다. 1938년 독
일에게 체코의 수데텐란트를 할양했다. 1939년에는 독일이 체코 전체를 점
령했다. 1945년 제2차 세계대전에서 프라하 봉기가 일어나 프라하가 해방
됐다. 1948년 체코슬로바키아가 공산화됐다. 1968년 「프라하의 봄」이 터졌
다. 1989년 벨벳 혁명으로 1990년에 새로운 정부가 들어섰다. 2002년에 또
다시 대홍수가 났다.

프라하는 제2차 세계대전 동안 도시 파괴가 적어 다양한 건축물이 상대적
으로 잘 보존되어 있다. 고딕 양식의 종교 건물과 로마네스크 양식의 귀중한
건축물이 다수 있다.

프라하는 1784년까지 4개의 독립 자치구인 흐라드차니(Hradčany), 말라 스
트라나(Malá Strana, Lesser Quarter), 구시가지(Staré Město, Old Town), 신시가지(Nové
Město, New Town)가 조성됐다. 블타바강 서쪽에 흐라드차니, 말라 스트라나 지
역이 있다. 블타바강 동쪽에 구시가지, 신시가지가 있다. 신시가지는 카를 4

세가 조성한 지역이다.

　흐라드차니는 프라하성(城)과 성(聖) 비투스 대성당이 포함되어 있는 지역이다. 길이 570m, 폭 130m 규모다. 블타바강을 바라다보는 언덕 위에 프라하성이 있다. 체코 왕들과 신성로마제국 황제들이 이곳에서 통치했다. 오늘날은 체코 공화국 대통령의 관저다. 870년 성모 마리아 성당이 건설되면서 프라하성이 출발했다. 옛 궁전·왕실 여름궁전·롭코비츠 궁전·새 궁전이 있다. 성 관리청·승마장·프라하 성 미

그림 19 **체코 프라하의 성 비투스 대성당**

술관이 있다. 왕실 정원과 남쪽 정원이 있다. 성 비투스 대성당이 930년에 건설되었다. 1929년에 개축했다. 프라하성 안의 대성당에는 카를 4세의 영묘가 있다. 대통령 관저 정면 입구에서 바라보면 왼쪽 뒤로 성 비투스 대성당이 솟아 있다. 대통령 관저 입구에는 체코 국기가 걸려 있다. 오른쪽 건물 위에 깃발이 걸려 있으면 대통령이 국내에 있다는 뜻이다.그림 18, 19

그림 20 **체코 프라하의 말라 스트라나**

그림 21 **체코 프라하의 카를 다리, 말라스트라나 교탑, 성 비투스 대성당, 블타바강**

말라 스트라나는 프라하의 작은 시가지다. 이 지역은 1257년 보헤미아의 오토카르 2세가 조성했다.그림 20 카를교 왼쪽에 말라 스트라나 교탑(橋塔 Bridge Tower)이, 오른쪽에 구시가지(Old Town) 교탑이 있다. 교탑은 1357년 카를 4세의 명에 의해 세웠다. 말라 스트라나 교탑은 작은 시가지 교탑(Lesser Town Bridge Bridge)이라고도 한다. 이 탑을 지나면 말라 스트라나로 이어진다.그림 21, 22

2 체코 프라하 카를 다리의 말라 스트라나 교탑

카를교(Karl Bridge, Charles Bridge)는 카를 4세 때인 1357-1402년 사이에 완성됐다. 다리 명칭은 카를 4세의 이름에서 땄다. 1841년까지 프라하성과 구시가지(Staré Město)를 잇는 유일한 다리였다. 처음에는 「돌다리」라 했으나 1870년부터 카를교로 불렀다. 길이 621m, 폭 10m다. 16개의 아치로 다리 상판을 바치고 있다. 다리 위에는 17세기에 제작하고 20세기 초까지 다시 개작된 30개의 조각상이 있다. 대부분 바로크 양식이다. 1683년에 세운 성 네포무크의 요한(St. John of Nepomuk), 성 비투스 등 체코의 성인상이 서있다. 1393년에 보헤미아의 왕 바츨라프 4세는 네포무크의 요한 신부를 처형했다. 왕은 왕비 요안나를 의심하여 네포무크의 요한 신부에게 물었으나 '고해성사한 내용을 왕의 곁에 있는 개한테나 말하겠다'고 답하여 강물에 던져졌다 한다. 강물로 밀쳐진 장소에 네포무크의 요한 신부 동상이 있다. 1729년에 네포무크의 요한 신부는 시성(諡聖)되었다. 사람들은 성 네포무크의 요한 동상 앞에서 행운을 빈다.그림 23

그림 23 **체코 프라하의 카를 다리와 성 네포무크의 요한 동상**

그림 24 **체코 프라하의 구시가지 교탑**

　구시가지 교탑 꼭대기에는 전망대가 있다. 전망대 안에는 시간을 알렸던 나팔이 진열되어 있다.그림 24 블타바강 옆의 주택은 수려하나 비싸다. 2002년 8월 유럽지역 대홍수로 블타바강이 범람하여 큰 피해를 입었다.

그림 25 **체코 프라하의 구시가지 광장**

카를 다리를 건너면 구시가지가 펼쳐진다. 이곳에 프라하의 랜드마크인 틴 성모 마리아 교회와 천문 시계가 있다. 구시가지 광장에 틴(Týn) 성모 마리아 교회가 있다. 프라하를 대표하는 종교 건축물이다. 1365년에 지어진 고딕 양식 교회다. 틴 성모 마리아 교회 중앙에는 쌍 탑이 세워져 있다. 꼭대기가 금빛으로 빛나는 쌍 탑의 높이는 80m다.그림 25, 26

그림 26 **체코 프라하의 틴 성모 마리아 교회**

그림 27 **체코 프라하의 구시가지 광장, 구시청사, 천문 시계, 틴 성모 마리아 교회**

프라하 천문 시계(天文 時計, Orloj, 오를로이)는 1410년에 설치되어 오늘날도 작동하고 있다. 천문 시계는 프라하 구시가지 광장의 구 시청사 남쪽 벽에 있다. 시계에는 하늘의 다양한 천문학적 정보를 나타낸 천문 눈금판이 있다. 그리고 12사도의 모형이 있다. 일정한 시간에 맞춰 모형이 안에서 밖으로 나타났다가 사라진다. 시계 위쪽의 황금색 닭이 나오면서 시간을 알리는 벨이 울린다. 달력 눈금판도 있다.그림 27, 28

그림 28 **체코 프라하의 천문 시계 오를로이**

바츨라프 광장은 프라하 역사의 살아있는 장소다. 광장 명칭은 보헤미아 바츨라프(Václav I, 영어 Wenceslas, 907-935) 공작의 이름에서 따왔다. 그는 체코 로마 가톨릭 교회 성인으로 추앙받았다. 선한 바츨라프(Václav the Good)로 칭송된다.그림 29

1968년의 「프라하의 봄」은 체코 민주화의 역사다. 체코 공산당 제1서기 알렉산데르 둡체크는 구체제를 개혁하고 당과 사회의 민주화를 추진했다. 그러나 1968년 8월 소련 등 바르샤바 동맹군 수십만 명이 쳐들어왔다. 프라하의 바츨라프 광장에서 점령군과 시위대가 격돌했다. 둡체크 등은 모스크바로 압송된 후 모진 고초를 겪었다. 1968년 11월 소련은 브레즈네프 독

그림 29 **체코 프라하의 바츨라프 광장**

트린을 천명했다. 사회주의를 위협하는 국가는 무력으로 주권을 제한할 수
있다는 주장이었다. 이에 대해 바츨라프 하벨을 위시한 체코 민주화 인사
들은 작품과 무대에서 연극 『프라하의 봄』을 연기하면서 저항했다. 스웨덴
한림원은 야로슬라프 사이페르트에게 노벨문학상을 안겨 주었다. 「프라하
의 봄」 저항에 대한 국제 사회의 관심과 연대를 보여준 행동이었다. 대학은
휴업과 시위로 맞섰다. 1989년 11월 체코슬로바키아 시민들은 공산당 체
제에 전면전을 선포했다. 여러 극장들도 동조했는데 이것을 「벨벳 혁명」으
로 불렀다. 극장에 있는 벨벳 의자에서 펼쳐졌다 하여 「벨벳 혁명」이라는
이름이 붙여졌다. 민주화에 성공한 체코는 하벨을 대통령으로 둡체크를 연
방의회 의장으로 선출했다.

그림 30 **체코 프라하의 레논 벽과 화약탑**

말라 스트라나의 대수도원 광장에 Lennon Wall(레논 벽)이 있다. 벽은 몰타 기사단 대사관의 일부다. 시민들이 이 벽에 그래피티를 그릴 수 있게 허용했다. 1960년대 이후 사랑과 저항의 글을 적었다. 「프라하의 봄」을 겪으면서 활성화됐다. 1980년 비틀스의 멤버 존 레논의 피살을 계기로 존 레논, 문화, 투쟁, 전쟁, 환경 등의 그림들로 확대되었다. 2019년 이후 '사랑과 평화'에 대한 내용만 쓰도록 조정했다.그림 30

구 시가지 광장 인근에 Powder Gate Tower(화약탑)이 있다. 1475년에 고딕 양식으로 건설되었다. 1715년경부터 화약을 저장하는 장소로 사용되어 화약탑이라는 명칭이 붙었다. 화약문이라고도 한다. 화약탑 인근 구시가지에 왕의 궁전이 있다. 이 궁전에 종교 개혁가 후스가 '자신을 종교적 이단이라고 비판하는 증거를 제시해 보라'는 벽보를 붙였다 한다. 1757년 프러시아의 공격으로 화약탑이 파괴되었다. 1875-1886년에 신(新) 고딕 양식으로 재건되었다. 1961-1963년의 기간에 오늘날의 모습으로 다시 고쳐 지었다. 탑

의 높이는 65m이고, 전망대는 44m 높이에 있다. 186개의 나선형 돌계단을 따라 올라간다.그림 30

1970년대부터 도심의 남쪽 프라하 제4 자치구 지역에 고층 빌딩이 들어섰다. Pankrác(판크라츠) 지역이다. 성(聖) 판크라츠 교회 이름에서 따왔다. 1977년에 City Empiria, 1983년에 프라하 파노라마 호텔, 1980년대에 City Tower, 2008년에 판크라츠 아케이드, 2013년에 N타워 등이 건설됐다. 고층 건물 근처에는 4.8ha 규모의 중앙 공원이 있다.그림 31

1989년 미국 대통령의 방문을 계기로 블타바강 연안에 현대식 호텔 아트리움(Atrium)이 들어섰다. 프라하 내에서는 여러 예술 공연이 수시로 열린다. 프라하 주택들은 집을 다닥다닥 붙여짓는 경향이 있다.

그림 31 **체코 프라하의 판크라츠**

그림 32 **체코 프라하의
카를슈테인성**

카를슈테인성(Karlštejn Castle)은 1348-1365년 기간에 완성했다. 카를 4세가
건축과 실내 장식을 감독하여 세운 고딕 양식의 성이다. 신성로마제국, 보헤
미안, 체코의 왕관·보석·유물·보물을 보관하기 위한 장소였다. 프라하에서
남서쪽 30km 떨어진 베로운(Beroun) 마을에 있다.그림 32

   프라하 교외지역에 전형적인 환촌(環村, Ring Settlement)이 저수지를 중심으
로 펼쳐져 있다. 저수지에서 공급하는 용수를 활용하여 일단의 농업과 거주
지가 형성되어 만들어지는 둥그스름한 환촌 형태다.

   Franz Kafka(프란츠 카프카)는 프라하 태생의 유태인으로 법학박사다. 보험
회사에 근무했으나 폐결핵으로 1924년에 41세로 사망했다. 카프카의 중편
소설『변신 *Die Verwandlung*』은 1915년에 발간되었다. 한 남성이 커다란 벌레
로 변해 버린 상황에서 벌어지는 가족들과의 관계를 풀어 쓴 소설이다. 카프
카는 누이 집에서 주로 집필했다 한다. 2003년 야로슬라프 로나가 프라하 유
대인 지역에 카프카 동상을 세웠다.

그림 33 **체코 프라하의 유대인 공동 묘지와 집단 수용소**

　체코 브루노에서 태어난 Milan Kundera(밀란 쿤데라)는 체코에서 영화학 등을 공부했다. 그의 대표작『참을 수 없는 존재의 가벼움』은 1984년에 발표했다. 프라하의 봄을 배경으로 4명의 남녀 간 사랑을 그린 작품이다. 개인적 운명의 덧없음에 대한 철학적 성찰을 담았다.

　프라하 구시가지 인근에 유대인 거리 요세포프(Josefov)가 있다. 13세기부터 유대교회 중심으로 유대인이 살았다. 1781년 마리아 테레사의 아들 요세프 2세가 관용법을 반포해 유태인이 이곳에서 자유롭게 살 수 있도록 했다. 「요세포프」는 요세프 2세를 기리기 위해 붙인 이름이다. 이 지역은 지도프스케 게토(Židovské ghetto)라고 불렸었다. 프라하에 유대인 공동묘지가 있다. 나치의 히틀러는 프라하에 사는 유대인을 게토에 가두었다. 집단수용소에 수용한 후 여러 형태와 방법으로 죽음에 이르게 했다.그림 33 유대인 공회당과 공동 거주지가 남아 있다.

　체코의 공용어는 서슬라브어군의 체코어다. 체코는 카를 4세 때 전성기를 이루었다. 1415년 종교개혁가 얀 후스가 화형을 당한 이후 체코는 가톨릭과 개신교 사이에 반목이 일어나 오랜 세월 어려움을 겪었다. 한때 개신교가 우위를 점했으나 페르디난트 2세가 등장한 이후 가톨릭이 우세해졌다. 1620년 백산 전투에서 개신교 군대가 궤멸한 이후 체코는 신성로마제국의 속주가 되면서 가톨릭이 주류를 형성했다. 1918년 제1차 세계대전이 끝나고 신성로마제국이 멸망했으나 체코는 안정되지 않았다. 1938년 히틀러 나치가 체코를 독일에 병합했다. 1945년 제2차 세계대전이 끝난 후 소련의 위성국이 되었다. 1989년에 동부 유럽의 자유화 바람이 불면서 비로소 1990년에 체코슬로바키아로 독립했다. 1993년 투표로 체코와 슬로바키아는 분리해 오늘에 이른다. 체코는 보헤미아를 중심으로 민족적 정체성을 유지했다.

체코는 합스부르크 시대 이후 공업이 활성화되어 경제의 버팀목이 되었다. 체코는 공업 중심의 경제적 기반 위에 발달했다. 체코 공산품 중 트럭, 총, 방산업 제품이 우수하다. 수출품은 기계, 정밀 엔지니어링, 운송 장비, 전자, 의료, 의약품 등이다. 2021년 기준으로 1인당 GDP는 25,732달러다. 노벨상 수상자는 6명이다.

오랜 기간 종교에 시달린 연유인지 2011년에 기독교도가 12.6%에 머물고 있다. 체코인은 대부분 종교와 무관하게 사는 것으로 확인된다. 스메타나, 드보르자크 등의 음악가가 보헤미아 민족음악을 예술음악으로 승화시켜 체코를 빛냈다. 카프카는 『변신』 등의 작품으로, 밀란 쿤데라는 『참을 수 없는 존재의 가벼움』 등으로 체코의 문학성을 세계에 드러냈다.

프라하의 프라하성, 카를 다리, 성 비투스 대성당 등은 체코 역사를 보여준다. 프라하는 4개의 독립 자치구인 흐라드차니, 말라 스트라나, 구시가지, 신시가지가 조성되어 발달해 왔다.

# 슬로바키아 공화국

슬로바키아어

그림 1 슬로바키아의 카르파티아 산맥, 타트라 산맥, 오레 산맥

# 01 슬로바키아 전개과정

슬로바키아의 정식명칭은 슬로바키아 공화국이다. 슬로바키아어로 Slov-enská republika(슬로벤스카 레푸블리카)라 한다. 영어로 The Slovak Republic으로 쓴다. 약칭으로 Slovensko(슬로벤스코), Slovakia(슬로바키아)라 한다. 2020년 기준으로 49,035km²면적에 5,464,060명이 산다. 1993년 1월 1일부터 브라티슬라바가 슬로바키아 수도의 지위를 얻었다. 슬로바키아는 내륙국이다. 다뉴브강이 브라티슬라바를 관통한다.

　슬로바키아에는 산이 많다. 카르파티아 산맥이 슬로바키아, 체코, 폴란드 국경에 걸쳐 있다. 타트라(Tatra) 산맥과 오레(Ore) 산맥은 슬로바키아 국토 중앙부에 위치해 있다.그림 1 타트라 산맥의 가장 높은 봉우리는 Gerlacho-vský(게를라초프스키) 봉(峰)으로 2,655m다. 봉우리 아래에 커다란 권곡(圈谷)이 형성되어 있다. 1949년에 타트라 국립공원이 지정되었다. 면적이 738km²다. 타트라 국립공원에는 30여 개의 계곡, 100여 개의 빙하호, 300여 개의 동굴, 가문비 나무·소나무 등의 식물 군락, 170여 종의 동물 군집(群集), 그리고 수많은 지류(支流) 하천이 흐른다. 슬로바키아에는 9개의 국립공원과 14개의 경관 보호구역이 있다. 슬로바키아의 겨울은 춥고 눈이 많다.

　니트라(Nitra) 남쪽은 평야와 평지다. 이 평야에서 농작물이 생산된다. 평지에는 도시적 토지이용이 가능해 사람이 모여 산다.

그림 2 **슬로바키아 국기**

종족 구성은 서슬라브족인 슬로바키아인(Slovak) 80.7%, 헝가리인 8.5%, 로마니 2.0% 등이다. 공용어는 모국어인 슬로바키아어다. 헝가리어·체코어 등도 쓴다. 슬로바키아인은 대부분이 북부지역에 산다. 헝가리인은 슬로바키아 남부 일부 지역에 산다. 이들의 모국어는 헝가리어다.

슬로바키아 국기(國旗)는 1992년에 제정되었다. 원형은 1848년에 제정된 국기다. 범 슬라브 색인 하양·파랑·빨강의 세 가지 색이 기본이다. 국기에 있는 슬로바키아 국장(國章)은 슬로바키아의 헝가리와의 관계를 표현했다. 십자가는 정교회 십자가다. 3개의 산봉우리는 Tatra(타트라), Fatra(파트라) Matra(마트라)를 뜻한다. 국장은 러시아·슬로베니아 국기와 차별화된다. 그림 2

BC 4세기 후반 켈트족은 오피둠(oppidum)이라는 요새도시를 건설했다. BC 2세기 말부터 1세기에 다뉴브강 옆에 지은 브라티슬라바 오피둠(Bratislava oppidum)은 영구 정착지가 되었다. 5세기에 슬라브족이 슬로바키아 영토로 들어왔다. 631년 프랑크 상인(商人) Samo(사모)는 「사모의 제국」이라는 슬라브 부족 동맹국을 세우고 왕이 되었다. 사모의 제국은 최초의 슬라브 국가로 불려왔다. 사모의 제국은 658년에 사모가 사망하면서 소멸되었다.

833년 Mojmir(모지미르) 1세가 모라비아 공국(Principality of Moravia)을 건국했다. 모지미르 1세는 로마 가톨릭을 수용했다. 모라비아 공국의 영토는 오늘날의 슬로바키아, 체코, 폴란드, 헝가리, 독일 등의 일부 지역이었다.

846년 모지미르 1세에 이어 2대 모라비아 지도자가 된 Rastislav(라스티슬라프)는 동(東)프랑크 왕국에 대항했다. 그는 모라비아가 동프랑크 왕국에 종속되는 것을 우려해 로마 가톨릭을 멀리했다. 그는 동로마 비잔틴 제국에 선교사 파견을 요청했다. 비잔틴 황제 미카엘 3세는 그리스 테살로니키 출신 형제 선교사 시릴과 메토디우스를 모라비아에 파견했다. 863년 시릴과 메토디우스는 슬로바키아에 동방 정교회를 소개했다. 그들은 모라비아에 슬라브족 성직자들을 교육하는 슬라브 학교를 설립했다. 종교 교육과 행사에 글라골 문자를 활용했다. 이들의 활동은 슬라브족과 슬로바키아인들에게 정체성을 갖게 하는 역사적 중요성을 갖게 했다. 시릴, 메토디우스, 라스티슬라

그림 3 대(大) 모라비아 제국

프는 동방 정교회에 의해 성자(聖者)로 시성되었다.

870년 라스티슬라프는 동(東)프랑크 왕국과 우호관계에 있던 자신의 조카 Svatopluk(스바토플루크) 1세에 의해 실각되었다. 894년 스바토플루크 1세(재위 870-894) 때 대(大) 모라비아 제국은 최대 영토로 확장됐다. 2010년에 브라티슬라바성(城) 명예 안뜰에 스바토플루크 1세의 기마상이 세워졌다. 대 모라비아 제국은 833-907년의 70여 년간 존속했다.그림 3

906-907년에 아르파드(Árpád)가 이끄는 헝가리 마자르 민족이 공격해와 대 모라비아 제국은 붕괴되었다. 슬로바키아 영토는 신생 국가인 헝가리에 통합되었다. 1000년 헝가리 최초의 왕 이슈트반(István) 1세가 즉위했다. 슬로바키아의 영토는 907-1918년의 1천여 년 동안 헝가리 왕국의 일부가 되었다.

헝가리는 모하치 전투에서 1526년에 오스만 제국에 패한 후 오스만 제국의 지배를 받았다. 1536년 오스만 제국은 헝가리의 수도의 기능을 부다에서 브라티슬라바로 이전했다. 오스만 제국은 1683년 비엔나 근처 전투에서 오스트리아에게 패배했다. 1685년 오스만 제국은 헝가리에서 물러났다. 1536부터 브라티슬라바는 헝가리 왕국의 실질적 수도 기능을 담당했다. 수도의 역할은 1783년까지 이어졌다.

1563-1830년까지 헝가리 왕국의 대관식은 브라티슬라바에 위치한 성 마르틴 대성당(St. Martin's Cathedral)에서 거행됐다. 성 마르틴 대성당은 1452년에 건립됐다. 첨탑 높이는 85m다. 1740년 오스트리아 마리아 테레지아가 왕위에 올랐다. 그녀는 1741년 성 마르틴 대성당에서 대관식을 올렸다.그림 4 마리아 테레지아 여제는 슬로바키아 몇몇 지역에 제조 기지를 입지시켰다. 그녀의 아들 요제프 2세는 헝가리 다수의 중앙 기관을 슬로바키아에서 부다 (Buda)로 옮겼다.

그림 4 **슬로바키아 브라티슬라바의 성 마르틴 대성당**

헝가리 지배하에 있는 슬로바키아인들은 헝가리 귀족들의 억압을 받았다. 슬로바키아 지식인과 성직자들은 슬로바키아인들의 권익 보호에 눈을 떠 목소리를 높였다. 그들은 슬로바키아어의 성문화(成文化)를 통해 민족적 정체성을 확립하려고 노력했다. 1783년 가톨릭 사제 요제프 이그나크 바자(Jozef Ignác Bajza)는 슬로바키아어로 된 최초의 소설 『르네 청소년 이야기와 경험 *René mládenca príhody a skúsenosti*』을 발표했다. 그러나 언어 형식이 불안정해 인정받지 못했다. 지식인층은 가톨릭과 개신교로 나뉘었다. 가톨릭계 지

그림 5 **슬로바키아의 안톤 베르놀락, 동상, 「슬라브어 문법** *Gramatica Slavica*」

식인들은 슬로바키아 모국어의 필요성을 주장했다. 개신교 지식인들은 슬로바키아어의 성문화에 부정적 입장을 취했다.

가톨릭 사제 Anton Bernolák(안톤 베르놀락, 1762-1813)은 여러 언어에 능통했고, 역사, 경제, 의학 등 다양한 백과사전적인 지적 소유자였다. 그는 1790년 서부 슬로바키아 방언에 근거하여 『슬라브어 문법 *Gramatica Slavica*』을 저술해 슬로바키아 문어(文語)를 성문화했다. 그는 1782-1827년 기간 중 여러편의 논문과 작품으로 슬로바키아어를 다졌다는 평가를 받았다.그림 5

Ľudovít Štúr(류도비트 슈투르, 1815-1856)는 민족부활 운동(National Revival)을 펼쳤다. 그는 슬로바키아의 통일된 문어로 슬로바키아의 가톨릭과 개신교를 통합시키려 노력했다. 슈투르는 중앙 슬로바키아 방언을 통일된 슬로바키아어의 기본으로 삼았다. 중앙 슬로바키아 방언은 슬로바키아에서 널리 사용되는 언어였다. 1843년 슬로바키아 민족운동 지도자 슈투르, 후르반, 호쟈는 슬로바키아어 도입 절차에 대해 합의했다. 슈투르는 1846년『슬로바

그림 6 **슬로바키아의 류도비트 슈투르, 동상, 『슬로바키아어 이론』**

키아어 이론 *Nauka reči Slovenskej*』을 출판했다. 그는 현대 슬로바키아 알파벳과 문자 표준을 성문화했다. 마르틴 하탈라는 슬로바키아어에 어원학적 원리를 도입했다. 1847년 슬로바키아 가톨릭과 개신교 공히 "슬로바키아에서는 새로 성문화된 슈투르 언어 표준을 사용한다"고 선언했다.그림 6 슈투르의 동상이 슬로바키아 브라티슬라브와 북부 레보차에 세워져 있다.그림 7 민족 운동에 참여한 시인 파블로 흐비츠도스라프의 작품은 몇 개 나라 언어로 번역 출간되었다.

　1867-1918년 기간의 오스트리아-헝가리 제국 시절 슬로바키아에서는 「헝가리화(化) 정책」이 강화되었다. 헝가리는 초등 교육 언어 교육에서 헝가리어만 가르치도록 했다. 슬로바키아 지식인들은 헝가리의 강압적 언어 교육 통치에 반발했다. 슬로바키아는 체코와 친밀하게 문화적으로 교류했다. 슬로바키아는 헝가리에게, 체코는 오스트리아에게 지배받는 상황이었기 때문에 체코와 슬로바키아는 공유할 수 있는 공감대가 형성됐다. 이러한

그림 7 **슬로바키아 브라티슬라바의 류도비트 슈투르 동상**

관계를 바탕으로 단일 국가 체코-슬로바키아 개념이 정치적 목적으로 탄생되었다. 제1차 세계대전에서 오스트리아-헝가리 제국이 패했다. 1918년에 보헤미아, 모라비아, 실레시아, 슬로바키아, 루테니아(Ruthenia)가 체코슬로바키아로 통합되었다. 그러나 체코가 중앙 집중화 경향을 강하게 강조하면서 많은 슬로바키아인들은 소외되었다. 슬로바키아는 1918년 10월 인접국인 체코와 연합하여 체코슬로바키아로 독립했다. 1928년에 체코슬로바키아에는 보헤미아, 모라비아-실레시아, 슬로바키아, 서브카르파티안 루스 등의 행정구역이 설정됐다. 슬로바키아는 1918-1938년의 기간 동안 체코슬로바키아의 일부로 존속했다.

1938년 독일, 영국, 프랑스, 이탈리아 등이 모여 체결한 뮌헨협정으로 체코슬로바키아가 분할됐다. 1939년부터 잠시 동안 나치의 괴뢰정권인 슬로바키아공화국이 존재했었다. 그러나 1945년 슬로바키아는 체코슬로바키아로 돌아왔다. 2차 세계대전 후 체코슬로바키아는 소련의 영향권 아래 들어갔다. 1960년 헌법제정 이후 체코슬로바키아 공화국(CSR)의 이름이 체코슬로바키아 사회주의 공화국(CSSR)으로 변경됐다. 체코슬로바키아 헌법에서는 체코와 슬로바키아에게 동등한 권리를 주었으나, 현실은 체코가 우위에 선 형태였다.

1968년 슬로바키아 출신 알렉산데르 둡체크가 주도한「프라하의 봄」개혁에서는 체코와 슬로바키아가 함께 개혁에 참여하는 모양새를 보였다. 1968년 8월 소련군은 프라하에 쳐들어와 민주적인 개혁을 무너뜨리고 진압했다. 진압 후에도 체코와 슬로바키아 두 진영이 이론적으로는 동등한 파트너였으나 실제적인 무게는 프라하에 있었다. 1989년 민주세력의 주도하에 공산당 통치를 종식시키는 벨벳혁명이 일어났다. 체코슬로바키아는 다시 서방 지향의 민주주의 국가로 돌아섰다. 1990년 봄 국가 명칭을 체코슬로바키아 연방 공화국(CSFR)으로 변경하는 헌법이 통과되었다.

1992년 6월 선거에서 체코계 당과 슬로바키아계 당은 자기민족 지역에서 압도적인 승리를 거두었다. 1993년 1월 1일자로 체코슬로바키아 연방 공화국은 체코와 슬로바키아로 분리 독립했다. 카르파티아 루테니아는 1991년 이후 우크라이나에 속하게 되었다. 슬로바키아는 2004년에 유럽연합에 가입했다. 2009년에 유로를 공식 화폐로 도입했다.

1918-1992년의 74년간 존재했던 체코와 슬로바키아의 연방 국가 체코슬로바키아는 역사 속으로 사라졌다.

슬로바키아 사람들에게 종교는 중요하다. 2011년 기준으로 로마 가톨릭교가 62.0%, 그리스 가톨릭교가 3.8%, 슬로바키아 복음주의교가 5.9%, 개혁교가 1.8%, 정교회가 0.9%, 기타 기독교가 0.5% 등 기독교가 74.9%다. 가톨릭을 믿는 사람이 전국에 골고루 분포해 있다. 코시체에 있는 성(聖) 엘리자베스 대성당은 1508년에 축성되었으며 슬로바키아에서 가장 큰 성당이다.그림 8 1517년에 북동쪽 레보차에 지은 고딕 양식의 성 야고보(St. James) 대성당의 제단(Altar)은 목조로 만들었다. 2009년 유네스코 세계 유산으로 등재되었다.그림 9

그림 8 **슬로바키아 코시체의 성 엘리자베스 대성당**

그림 9 **슬로바키아 레보차의 성 야고보 대성당**

　슬로바키아는 농업 국가였다. 농업은 작물농업과 축산업이 결합된 형태로 발달했다. 제2차 세계대전 이후 슬로바키아는 경제 정책 방향을 바꿔 농업보다 산업 부문에 대한 투자에 역점을 두었다. 그 결과 제2차 산업인 중공업·자동차·비철금속 산업 등이 발전했다. 1991년 브라티슬라바에 폭스바겐, 2004년 질리나에 KIA, 2006년 트르나바에 푸조 자동차 공장이 세워졌다. 2007년 이후 자동차 생산이 본격화됐다. 2015년에 기아 자동차 2백만대를 생산했다. 2019년 수출 가운데 자동차 비율이 26.4%다. 슬로바키아의 2021년 1인당 GDP는 21,529달러다.

슬로바키아 민속전통은 슬로바키아인의 정체성을 지키는 데 중요한 역할을 하고 있다. 비쇼드나(Východná) 민속 축제는 슬로바키아인의 오랜 축제다. 축제에서는 슬로바카아 전통 의상과 악기가 활용된다. 슬로바키아 전통 민속악기 후자라(fujara)는 긴 플루트다. 개디(gajdy)는 슬로바키아 백파이프다. 민속음악은 슬로바키아 언어가 실제 생활 속에서 활성화되는 데 큰 힘이 되었다.그림 10

그림 10 **슬로바키아의 비쇼드나 민속축제**

# 02 수도 브라티슬라바

브라티슬라바(Bratislava, Pozsony)는 슬로바키아의 수도다. 다뉴브강이 도시를 관통한다. 2020년 기준으로 367.6km²면적에 440,948명이 산다. 브라티슬라바 대도시지역의 인구 규모는 659,598명이다. 브라티슬라바에서 다뉴브강 건너편에 있는 빈까지 80km다. 브라티슬라바에서 부다페스트까지는 201.1km다.그림 11

**그림 11 슬로바키아의 수도 브라티슬라바**

**그림 12 슬로바키아의 브라티슬라바성**

브라티슬라바라는 이름은 중세 시대의 브레잘라우스푸르츠(Brezalaus-purc) 마을 이름에서 유래되었다. 슬로바키아어로 '브라슬라프의 요새'를 뜻한다. 19세기에 문헌을 해독하는 과정에서 Braslav를 Bratislav라고 오역했다. 그러나 오늘날에는 도시 명칭을 브라티슬라바로 사용하고 있다.

브라티슬라바에는 켈트족이 살았었다. 1세기에 로마제국이 요새를 건립했다. 5세기부터 6세기에 걸쳐 슬라브족이 들어왔다. 907년에 헝가리 요새가 세워지면서 포조니(Pozsony)라는 마을이 등장해 브라티슬라비의 초기 정착 문화가 이뤄졌다. 브라티슬라바는 오스트리아와 헝가리 간의 상업 중계지가 되었다. 13세기에 독일인이 대거 들어왔다. 1291년에 이르러 도시로서의 지위가 확보됐다. 마차시 1세때 브라티슬라바는 문화·경제의 중심지로 성장했다. 대학교도 설치됐다. 1809년 프랑스 군대가 들어와 점령했다. 그러나 브라티슬라바는 오랜 기간 동안 슬로바키아 민족주의의 중심지와 수도로서의 지위를 유지해 왔다.

브라티슬라바성(Bratislava Castle)은 소(小) 카르파티아 산맥 바위 언덕 위에 세워진 성이다. 브라티슬라바 중심부에 위치한 다뉴브강과 접해 있다. 브라티슬라바성은 9세기 대(大) 모라비아 왕국의 우라티스라우스 왕자가 처음 지

그림 13 **슬로바키아 브라티슬라바성 항공 사진**

었다. 헝가리 제국, 합스부르크 제국 시대에 성으로 사용됐다. 1809년에 나폴레옹의 군대에 의해 파괴되었다. 1811년 5월 28일 화재로 인해 소실되었다. 브라티슬라바성은 체코슬로바키아 시대였던 1956-1964년 사이에 복원되었다. 1968년 이후 슬로바키아 국립 박물관의 주택 전시 용도로 사용되고 있다. 슬로바키아 국회에서 발표 용도의 공간으로도 활용된다. 2010년 슬로바키아 조각가 얀 쿨리히가 제작한 스바토풀루크 1세 기마상이 브라티슬라바성의 명예 안뜰에 세워졌다.그림 12, 13

브라티슬라바에 위치한 성 마르틴 성당은 1563-1830년까지 헝가리 국왕 11명의 대관식(coronation) 장소로 사용되었다.

그라살코비치 궁전(Grassalkovich Palace)은 1996년 이후 슬로바키아 대통령 관저다. 1760년 헝가리 귀족 그라살코비치의 명으로 건축되어 그의 이름을

**그림 14 슬로바키아 브라티슬라바의 그라살코비치 궁전**

**그림 15 브라티슬라바의 슬로바키아 국립극장**

땄다. 바로크 음악의 중심지로 쓰였다. 하이든의 많은 곡이 이곳에서 초연됐다. 그라살코비치와 친한 마리아 테레지아 여왕의 연회와 파티가 열렸던 곳이다.그림 14

프란츠 리스트(Franz Lizst)는 15번이나 브라티슬라바를 방문해 공연했다. 1920년 슬로바키아 국립극장이 개관했다. 이곳에서 오페라·발레·드라마가 공연됐다.그림 15 2007년에 새롭게 단장하여 신(新) 슬로바키아 국립극장(New Slovak National Theater)을 열었다.

브라티슬라바에는 미르바흐(Mirbach) 궁전이 있다. 1768-1770년 기간에 로코코 양식의 궁전으로 지었다. 1805년에 나폴레옹과 오스트리아 프란츠 1세가 평화 조약을 맺은 장소였다. 1975년에 브라티슬라바 시립 갤러리(Bratislava City Gallery)로 개조됐다.그림 16

브라티슬라바 구시가지 흘라브네 나메스키에는 슬로바키아 전통 건축물이 남아 있다. 르네상스 풍의 건물들이 들어서 있는 브라티슬라바에 트램(tram)이 운행된다. 도시는 깨끗하나 재정 부족으로 도시정비가 불비하다. 예전의 주택을 개조하여 소매상점으로 활용하고 있다. 브라티슬라바에 새로운 비즈니스 지구가 조성되고 있다.그림 17 고층 아파트도 들어섰다. 브라티슬라바 중앙역

그림 16 **슬로바키아 브라티슬라바의 미르바흐 궁전**

은 1848년에 건설되었다. 국내 노선과 국제노선이 출발한다.

데빈성(Devín Castle)은 다뉴브강과 모라바(Morava)강이 만나는 지점을 내려다 볼 수 있는 해발 고도 212m 높이에 지어졌다. 864년에서 15세기에 걸쳐 요새로 건축됐다. 나폴레옹 전쟁 때인 1809년에 소실되었다. 제2차 세계대전 후에 복구되었다. 지금은 슬로바키아 의회와 시립박물관으로 사용되고 있다. 데빈성에는 방어요새로서의 옛 성채의 유적이 남아있다.그림 18

그림 17 **슬로바키아 브라티슬라바의 새로운 비즈니스 지구**

그림 18 **슬로바키아 브라티슬라바의 데빈성**

　도심에서 약 8km 떨어진 곳에 관광농원이 있다. 브라티슬라바가 농업에 기반을 둔 조용했던 농촌 중심도시였음을 보여준다.

　1972년에 세워진 슬로바키아 봉기 다리(Slovakia Uprising Bridge)는 1개의 주탑이 있는 비대칭 사장교다. 길이가 430.8m다. 위층에는 4개의 자동차 차선이 있고, 아래층에는 자전거와 보행자 도로가 있다.그림 19 다뉴브강을 운항하는 관광선에는 젊은 연인들이 많다. 강 양안에는 아파트가 들어서 있다. 강을 막아 댐을 만들어 발전시설을 준비하고 있다. 강 하안에는 준설작업이 진행된다.

　슬로바키아는 나라말 슬로바키아어를 지키면서 민족의 정체성을 간직한 산악 국가다. 5세기부터 슬로바키아에 슬라브족들이 들어와 삶의 터전을 마련했다. 그러나 주변의 여러 세력들에 의해 괴롭힘을 당하다가 급기야 1000년경 헝가리의 지배를 받게 되었다. 이런 와중에 800년대 중반에 들어온 가톨릭이 슬로바키아 국민들의 정신적 지킴이 역할을 했다. 기독교도가 74.9%다. 1843년 국민 부활(National Revival) 운동으로 슬로바키아 통일 언어

그림 19 **슬로바키아 브라티슬라바의 봉기 다리**

구축작업이 진행되면서 슬로바키아인의 단결이 진행되었다. 슬로바키아어를 모국어로 사용한다. 1918년 체코슬로바키아로 독립했다. 나치 독일과 소련의 간섭으로 힘든 시간을 보냈다. 1993년 평화적인 민주투표에 의해 체코와 분리되어 슬로바키아 공화국을 탄생시켰다. 슬로바키아는 농업 국가였으나 제조업을 활성화시키는 산업구조로 변화해 성장하고 있다. 2021년 1인당 GDP는 21,529달러다.

　브라티슬라바는 슬로바키아 역사의 중심지로서 슬로바키아인의 삶의 양식을 보여주고 있다.

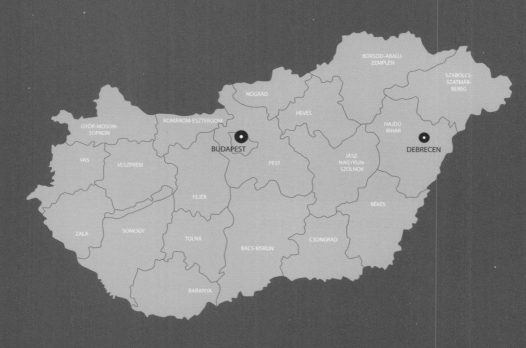

# 헝가리

마자르인

그림 1 헝가리 국기

# 01 헝가리 전개과정

헝가리의 공식명칭은 헝가리다. 헝가리어로 Magyarország(머저로르사그)라 한다. 'Magyar(머저르인)의 Ország(나라)'라는 뜻이다. 영어로 Hungary(헝가리)로 표기한다. 헝가리 국명은 1989-2011년 사이에는 Republic of Hungary(헝가리 공화국)로 사용됐다. 2012년 1월 1일부터 Hungary로 바뀌었다. 국가 형태는 공화국이다. 헝가리는 유럽 중동부에 위치한 내륙국(內陸國)이다. 2020년 기준으로 93,030km² 면적에 9,769,526명이 거주한다. 수도는 부다페스트다.

1957년부터 사용된 헝가리 국기는 빨강, 하양, 초록의 삼색기다. 빨강은 전쟁에서 흘린 피를, 하양은 헝가리의 강을, 초록은 헝가리의 산을 상징한다.그림 1

국토의 대부분이 낮은 평원 지대다. 알프스 산맥, 카르파티아 산맥, 디

그림 2 **헝가리 대평원**

그림 3 **헝가리의 다뉴브강**

나릭 알프스 산맥으로 둘러싸인 곳에 Great Hungarian Plain(헝가리 대평원)
이 놓여 있다. 헝가리 대평원 북쪽에 헝가리 소평원이 있다. 두 평원 사이는
트랜스다뉴비아 산맥이 경계를 이룬다. 대평원에서는 농업과 목축이 이뤄
진다.그림 2 기후는 다습한 대륙성기후다. 연평균 기온은 10.5℃다.

　헝가리에는 10개의 하천이 있다. 다뉴브(영어 Danube, 헝가리어 Duna, 독일어
Donau)강의 전체 길이는 2,850㎞다. 이중 헝가리에 흐르는 다뉴브강 길이는
418㎞다. 다뉴브강은 헝가리 국토의 북쪽에서 남쪽으로 흐른다. 다뉴브 강
은 부다페스트를 관통하며 흐른다. 헝가리의 티자(Tisza)강은 444㎞다. 티자
강은 동부지역에 위치하며 헝가리 대평원 사이로 굽이굽이 흐른다. 다뉴브
강과 티자강은 세르비아 보이보디나에서 만난다.그림 3 육지 내 바다로 불리
는 Balaton(발라톤) 호수는 표면적이 600㎞²다. 최대 길이는 78㎞, 최대 너비

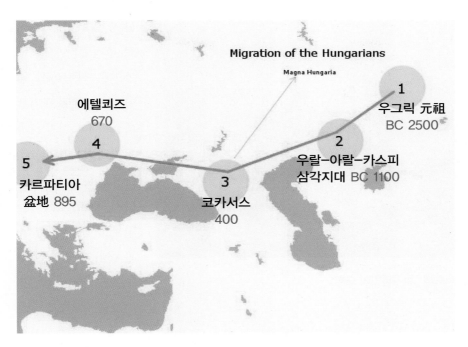

**Migration of the Hungarians**

Magna Hungaria

1
우그릭 元祖
BC 2500

2
우랄-아랄-카스피
삼각지대 BC 1100

에텔쾨즈
670
4

3
코카서스
400

5
카르파티아
盆地 895

그림 4 **헝가리인의 이동 경로**

는 14㎞다. 발라톤 호수에서 헝가리 수산물이 대량 생산된다. 전 국토의 2/3
에서 온천 개발이 가능하다.

　헝가리 조상들은 우랄산맥을 넘어 서진하여 헝가리 대평원의 판노니아
지방에 이르러 자리 잡았다. BC 2,500년에 우그릭에서 출발하여 우랄·아
랄·카스피 삼각지대(BC 1,100)-코카서스(캅카스 400)-에텔쾨즈(670)를 거쳐 895년
에 카르파티아 분지에 다다랐다. 이들은 일곱 부족을 구성했다.그림 4

　일곱 부족 가운데 아르파드가 지도하는 반(半) 유목민「메제르 Megyer」
부족이 강했다. 메제르에서「마자르(헝가리어 머저르) Magyar」라는 이름이 나
왔다. 마자르인은 튀르크계 오노구르인(Onoǧurs)과 교류하면서 인종적 연

합이 이루어진 것으로 추정했다. 오노구르인은 라틴어식 철자 Ungari로 표기됐다. 중세때 철자 H가 첨가되어 Hungari, Hongrie로 바뀐 후 다시 Hungary라는 말로 변해 굳어졌다. 곧 헝가리 국명은 '오노구르'에서 비롯됐다고 설명한다. 헝가

그림 5 **아르파드의 『헝가리인의 도착』**

리 국명의 H는 훈족과 관련이 있다는 주장도 있다.

공용어는 헝가리어인 마자르(Magyar)어다. 마자르어는 우랄어족 피노우그릭어파(Finno-Ugric group, 피노우그리아어)다. 핀란드어, 에스토니아어, 사미어 등과 유사성이 있다. 헝가리어는 전 세계적으로 13,000,000명이 사용한다. 헝가리어는 헝가리, 루마니아 일부, 유럽 연합의 공용어다. 슬로바키아, 세르비아 일부, 우크라이나 일부, 미국 일부 등지에서 100,000명 이상이 헝가리어를 사용한다. 헝가리 인명은 성이 이름 앞에 놓인다.

2011년 기준으로 헝가리 안에서 마자르어를 모국어로 쓰는 헝가리인은 83.7%다. 로마니 3.1%, 독일인 1.3%다. 슬로바키아인, 루마니아인, 크로아티아인 등도 소수 인종으로 산다.

BC 9-BC 4세기 말엽까지 로마제국은 다뉴브강 서안에 속주 판노니아를 세웠다. 433년 훈족이 쳐들어와 현재의 헝가리, 루마니아, 불가리아 일부

를 포함하는 판노니아에 독립 국가를 세웠다가 멸망했다.

896년에 큰 변화가 일어났다. 마자르인들은 아르파드(Árpád, 재위 845-907)의 지도하에 현재의 체코·슬로바키아에 있던 대모라비아 왕국을 몰아내고 헝가리 대공국(Principality of Hungary)을 세웠다. 부다페스트 영웅 광장과 헝가리 중부의 라케베에 아르파드 동상이 세워져 있다. 「896년 헝가리 정복 1,000주년」을 기념하여 아르파드 페스티가 1894년에 『헝가리인의 도착』 제하의 작품을 제작했다. 헝가리 오푸스타저 국립유산공원에 전시되어 있다.그림 5

955년 헝가리는 아우구스부르크 전투에서 독일 황제 오토 군대에게 패했다. 이슈트반(István) 1세(975-1038)가 들어서면서 헝가리는 새롭게 변했다. 스테판(Stephen) 1세라고도 하는 그는 헝가리 국토를 판노나아 전역으로 넓혔다. 헝가리 내부의 이교도를 제압하고 가톨릭을 국교로 세웠다. 이슈트반 1세는 1000년에 Kingdom of Hungary(헝가리 왕국)를 건국하고 국왕의 지위에 올랐다. 교황으로부터 「헝가리의 사도왕」이라는 지위를 부여받았다. 그는 성(聖) 이슈트반이라 부른다. 1687년까지 이

그림 6 **헝가리의 이슈트반 1세와 동상**

슈트반 1세의 축일인 8월 20일이 헝가리의 개국 기념일이자 국경일이었다. 헝가리 지폐 10,000 포린트에 이슈트반 1세의 얼굴이 그려져 있다. 1906년 어부의 요새 옆 부다성 뜰 안에 이슈트반 1세 동상을 세웠다.그림 6

**그림 7 헝가리의 에스테르곰 대성당**

에스테르곰은 10세기에서 13세기 중반까지 헝가리의 수도였다. 에스테르곰은 부다페스트에서 북서쪽 48.3km 지점에 있다. 다뉴브강 우안(右岸)에 있는 에스테르곰은 오늘날 인구 30,000명 규모의 역사 도시다.그림 7

1241년 벨라(Béla) 4세 때 몽골의 바투가 침입해 헝가리 페스트(Pest) 지역을 파괴했다. 몽골은 1242년에 물러갔다. 벨라 4세는 1247-1265년의 기간 동안 부다(Buda) 남쪽 언덕에 부다성(Buda Castle)을 새로 짓고 왕의 거주지를 에스테르곰에서 부다로 옮겼다. 부다성은 1987년에 유네스코 세계 유산에 등재되었다.그림 8 왕궁지(王宮地) 에스테르곰은 대주교에게 양도되었다. 1856년 에스테르곰에 에스테르곰 대성당(Esztergom Basilica)이 세워졌다.그림 7

마차시(Mátyás) 1세는 1458-1490년간 헝가리와 크로아티아의 국왕이었다.

그림 8 **헝가리 부다페스트의 부다성**

마티아스(Matthias Corvinus)라고도 하는 그는 이탈리아 르네상스 문화를 도입해 헝가리의 문화 황금시대를 열었다. 학자를 후원하고 건축과 예술을 장려했다. 「코르비누스 문고」로 불리는 수많은 서적들을 수집했다.그림 9

1526년 부다페스트 남쪽 모하치(Mohacs) 전투에서 헝가리 러요시(Lajos) 2세가 오스만 제국 술탄 술레이만에게 패하고 전사했다. 루이(Louis) 2세라고도 하는 그의 죽음으로 헝가리의 맥이 끊겼다.그림 9 1541년 오스만은 부다를 침공해와 점령했다.

오스만 제국에 패전한 이후 헝가리는 셋으로 나뉘었다. 하나는 합스부르크 헝가리 왕국(Habsburg Royal Hungary)이다. 합스부르크 왕가가 통치하는 다뉴브강 서안 지역이다. 명칭은 헝가리 왕국으로 유지됐다. 둘은 오스만 보

그림 9 **헝가리의 마차시 왕과 러요시 왕**

호령 헝가리 왕국(Kingdom of Hungary)이다. 1570년에 오스만 보호령의 헝가리 왕국은 Transylvania(트란실바니아) 공국으로 바뀌었다. 트란실바니아 공국은 오스만 보호령 하에 있었지만 헝가리인의 통치 국가로 발전했다. 이곳은 오스트리아-헝가리 제국의 일부로 있다가 제1차 세계대전 이후 루마니아로 편입되었다. 2011년 기준으로 트란실바니아의 총인구 6,789,250명 가운데 헝가리인은 17.92%인 1,216,634명이다. 셋은 오스만 헝가리(Osman Hungary)다. 오스만 왕가가 통치하는 구 헝가리 왕국 중앙부에 해당하는 곳으로 나중에 오스만 제국에 합병되었다. 오스만 제국은 1541-1699년의 기간 동안 헝가리를 지배했다.그림 10

1526-1867년의 기간 동안 명목상 헝가리 왕국(Kindom of Hungary)이 존속했다. 그러나 실제는 헝가리가 신성로마제국 땅의 일부인 합스부르크 군주국

합스부르크 오스트리아와 보헤미아
① 합스부르크 헝가리 왕국
② 오스만 보호령의 헝가리→트란실바니아
③ 오스만 헝가리→오스만 合併

오스만제국

그림 10 **헝가리의 영토 분할 1526-1867**

으로 있었다.

1867-1918년의 기간은 오스트리아-헝가리 제국의 군주국으로 바뀌었다.그림 11 1867년 합스부르크 오스트리아 엘리자베스(Elisabeth, 1854-1898) 황후 때 오스트리아-헝가리 제국이 성립되었다. 오스트리아 황제가 헝가리 왕이 되는 이중군주국(Dual Monarchy)이었다. 오스트리아-헝가리 제국은 1914-1918년 제1차 세계대전에서 패해 무너졌다.

1920년 프랑스 베르사유 트리아농 궁전에서 헝가리와 연합국 사이에 트리

그림 11 **오스트리아-헝가리 제국**

아농 조약(Treaty of Trianon)이 체결됐다. 이 조약으로 오스트리아-헝가리 제국은 공식적으로 해체됐다. 헝가리는 제1차 세계대전 때의 영토 325,111km² 중 72%를 상실해 93,073km²로 축소됐다. 총인구 20,900,000명의 64%를 잃어 7,600,000명으로 줄어 들었다. 전후 헝가리 국경이 새로 정해졌다. 헝가리인 3,330,000명은 어쩔 수 없이 새로 획정(劃定)된 헝가리 국경 밖에서 살게 되었다. 헝가리는 대도시 중 다섯 곳을 잃었고, 해상 접근권과 천연자원 접근권을 잃었다.그림 12

헝가리는 1918년 10월 31일 헝가리 민주 공화국(1918-1919)으로 독립했다. 1920년에 헝가리 왕국(Kingdom of Hungary)이 다시 성립되어 1946년까지 이어졌다. 헝가리는 1945년 5월 8일 제2차 세계대전 패전까지 독일과 함께 추축국(樞軸國)으로 있다가 연합국으로 돌아섰다. 종전 후 1946년 군주제가 폐지되어 헝가리 왕국은 붕괴되었다. 1949-1989년의 기간에 헝가리 인민공화국이 들어섰다. 동구권의 자유화 바람과 함께 1989년 10월 18일 헝가리 공화국 헌법이 제정되면서 사회주의 헝가리 인민공화국이 청산되었다. 헝가리에 민주주의와 시장경제가 도입되었다. 나라 이름도 Republic of Hungary (헝가리 공화국)로 변경했다. 2012년 새 헌법인 헝가리 기본법(Fundamental Law of

Hungary)이 만들어졌다. 새로운 헌법에 의거해 국호를 헝가리 공화국에서 헝가리로 바꿨다. 헝가리는 헝가리 공화국과 동일한 내용과 명칭이다. 헝가리 정부 형태는 의원내각제다. 대통령은 국회에서 선출한다. 임기가 5년이다.

10세기 성(聖) 이슈트반 왕은 세례를 받고 가톨릭 국가를 세웠다. 11세기에 이르러 대부분의 헝가리인은 기독교도가 되었다. 16세기까지 가톨릭은 헝가리의 주류 종교였다. 1600년에 종교개혁이 일어났다. 칼빈교를 믿는 개신교 바람이 불었다. 개신교는 동부 데브레첸(Debrecen)을 중심으로 퍼졌다. 그러나 합스부르크 지배에 들어가면서 가톨릭이 다시 중심 종교로 바뀌었다. 헝가리는 기독교가 헝가리 국가 건설에 도움을 준 역할을 중시한다. 그러나 종교의 자유를 인정하여 공식 종교를 두지 않고 있다. 2011년 센서스에서 헝가리인 52.9%가 기독교를 믿는 것으로 조사됐다. 가톨릭이 38.9%, 개신교 13.8%, 기타 기독교 0.2%였다. 대체로 동쪽은 개신교가 서쪽은 가톨릭이 우세하다. 부다페스트에서 북쪽으로 70km 떨어진 인구 23,217명 도시 타타(Tata) 갈보리 언덕에 십자가상(像)이 세워져 있다. 역사적으로나 기독교를 믿는 양상으로 볼 때 헝가리는 기독교 국가로 인지된다.

헝가리는 농업하기 좋은 나라다. 농지가 넓고 농업용수가 풍부하다. 비가 많으며, 관

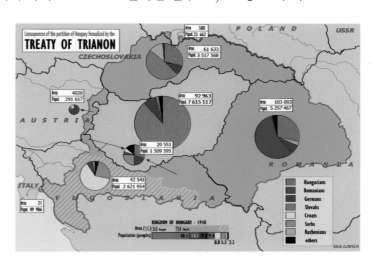

그림 12 **헝가리의 트리아농 조약**

그림 13 **헝가리의 집시 음악 무용 차르다시**

개시설이 잘 구비되어 있다. 농산물을 근거로 식품공업이 발달했다. 초록색 파프리카인 피망 왁스고추(zöldpaprika)가 카르파티아 분지 전역에서 생산된다. 다뉴브강 연안 트랜스다누비아 두난툴에서 거위가 사육된다. 거위 간을 활용한 푸아그라가 식용으로 쓰인다.

헝가리는 해외 무역에 주력하는 수출 지향의 시장경제 구조다. 주요 산업은 식품 가공, 제약, 자동차, 정보기술, 전자, 화학, 야금, 기계, 전기 제품, 관광업 등이다. 2014년에는 1,210만 명의 관광객이 헝가리를 다녀갔다. 2021년 기준으로 1인당 GDP는 18,075달러다. 노벨상 수상자는 13명이다.

헝가리 음악은 집시 음악에 뿌리를 두고 있다. 느림과 빠름, 슬픔과 기쁨, 열정과 애환을 담고 있다. 집시들의 음악과 무용을 차르다시(Csárdás)라고 했다. 차르다시는 헝가리의 전통적인 국민음악과 민속무용을 나타내는 말로 발전했다. 차르다시의 도입부인 라시(lassú)는 느리고 우아하다. 주부인 프리시(friss)는 빠르고 강렬하다. 헝가리 보통 사람들이 즐겨 찾는 선술집이나 식

당에서 흥겹게 노래 부르고 함께 어울려서 춤을 췄다 한다.그림 13

　헝가리 음악가 리스트(1811-1886)는 헝가리어로 Liszt Ferenc(리스트 페렌츠), 독일어로 Franz Liszt(프란츠 리스트)라 표기한다. 그는 「피아노의 왕」이라 불렸다. 『헝가리 광시곡 *Hungarian Rhapsody*』을 작곡했다. 1846-1863년 기간과 1882-1885년 사이에 작곡했다. 19곡으로 된 피아노곡이다. 2번이 많이 알려졌다. 집시의 선율을 채집해서 만들었다. 차르다시 형태를 띤 곡이 대부분이다. 리스트는 1875년에 부다페스트에 「리스트 페렌츠 음악 아카데미」를 설립했다.그림 14

그림 14 **헝가리의 리스트와 「리스트 페렌츠 음악 아카데미」**

그림 15 **헝가리의 바르톡과 코다이, 독일의 브람스**

바르톡(Bartók, 1881-1945)과 코다이(Kodály, 1882-1967)는 헝가리 민속 국민음악의 체계를 만든 헝가리 음악가로 평가받는다. 독일 작곡가 브람스(Brahms)는 1873-1879년 기간에 21곡으로 된『헝가리 무곡 *Hungarian Dances*』을 작곡했다. 5번이 널리 알려졌다.그림 15 이탈리아 비토리오 몬티(Vittorio Monti)는 1904년에『차르다시 *Czardas, Csárdás*』를 작곡했다. 헝가리 민속무곡 차르다시를 바탕으로 만들었다.

부다페스트에 1875-1884년 기간 동안 세워진 헝가리 국립 오페라 하우스가 있다.그림 16 1923년에 시작한 헝가리 국립 필하모니 관현악단은 헝가리를 대표하는 악단이다.

1893-1896년 기간에는 응용 예술 박물관이 건설됐다. 응용 예술 박물관은 페렌츠바로스 지역의 그랜드 대로 남쪽 끝에 있다. 지하철 3호선으로 갈수 있다.그림 17 1900-1906년 사이에 부다페스트 영웅 광장에 미술 박물관을 지었다.

헝가리 기자인 비로 라즐로(Bíró László, 1899-1985)는 1931년에 볼펜을 발명했다. 2012년에 헝가리 출신 미국 수학자 세메레디 엔드레는 아벨상을 받았다. 아벨상은 수학의 노벨상이라 불린다. 헝가리는 컴퓨터와 연관된 이산 수학이 발달했다. 컴퓨터 프로그래밍에서 변수나 객체 이름에 접두어를 사용할 때 헝가리 방식이 사용된다.

그림 16 **헝가리의 국립 오페라 하우스**

그림 17 **헝가리 부다페스트의 응용 예술 박물관**

그림 18 헝가리의 수도 부다페스트

# 02  수도 부다페스트

부다페스트(Budapest, 헝가리어 부더페슈트)는 헝가리 수도다. 2017년 기준으로 525.2km²면적에 1,752,286명이 거주한다. 부다페스트 대도시권 인구는 3,011,598명이다. 부다페스트는 다뉴브 강 양안(兩岸)에 걸쳐 있다. 부다페스트는 '다뉴브 강의 진주', '다뉴브 강의 다이아몬드'라고 불린다.그림 18

1987년「부다페스트, 다뉴브 강안과 부다 성」이라는 이름으로 부다페스트가 유네스코 세계 유산에 등재되었다. 2002년에 안드라시 거리 및 그 지하인 부다페스트 지하철이 등록대상에 추가되었다. 2002년에 등록 명칭이「다뉴브 강, 부다성 지구 및 안드라시 거리를 포함한 부다페스트」로 변경되어 유네스코 세계 유산으로 등재되었다.

부다와 페스트는 별개의 도시로 발달했다. 1873년 다뉴브 강 서편의 Buda(부다)와 Óbuda(오부다), 동편의 Pest(페스트)가 합쳐져 오늘날의 부다페스트가 되었다. 부다는 '훈족 지도자 Bleda의 이름'에서 나왔다 한다. Bleda는 헝가리어로 Buda로 표기한다. 서쪽의 부다에는 528m 높이의 야노슈산(János Hill)이 있다. 왕궁 등 관청 건물이 많고 지배층이 살았다.그림 19 동쪽의 페스트는 '도자기 굽는 마을'이란 뜻이다. 페스트는 저지대(低地帶)로 상업시설, 공장, 주택이 들어서 있다. 다뉴브강 아래쪽에 머르기트섬이 있다. 면적이 0.965km²다.그림 20 부다페스트는 부다와 페스트의 도시가 합쳐져 하나

**그림 19 헝가리의 부다페스트 서부 지역**

의 도시가 된 분리형 도시(fragmented form)로 설명한다.

서기 89년경 로마제국은 다뉴브강 서쪽 오부다 인근에 군 주둔지 아쿠인 쿰(Aquincum)을 건설했다. 이곳은 켈트족 거주 지역이었다. 2세기에 페슈트 자리에 Contra Aquincum(콘트라 아쿠인쿰)이 세워졌다. '아쿠인쿰 반대편'이 란 뜻이다. 1903년에 지어진 엘리자베스 다리(Elisabeth Bridge) 옆의 장소다.

896년 아르파드가 이끄는 마자르족이 들어와 판노니아 도시들을 점령했 다. 1241년 몽골의 침공으로 페스트 지역이 파괴되었다. 1247-1265년 사이 에 벨라 4세는 페스트 다뉴브강 건너편 서쪽 부다 언덕 위에 새로운 왕궁과 성채를 건설했다. 1247년부터 부다는 새로운 헝가리의 중심지가 되었다. 부

그림 20 **헝가리의 부다페스트 동부 지역과 머르기트섬**

다는 1361년에 헝가리의 수도가 되었다.

오스만 제국은 1526년에 페스트를 1541년에 부다를 점령했다. 부다페스트를 점령한 오스만 제국은 1541년부터 헝가리를 오스만 제국의 속령으로 만들었다. 부다 주(州)가 설치되고 부다에 오스만 총독의 주류지가 건설되었다. 페스트 지구는 버려진 상태였다. 1686에 이르러 오스트리아가 페스트를 점령했다. 18세기와 19세기에 페스트는 성장의 발판을 마련했다. 1873년에 부다·오부다·페스트가 합쳐져 부다페스트가 되었다. 1873년이 되어서야 비로소 부다페스트가 헝가리의 수도가 된 것이다. 제1차 세계대전 후 부다페스트는 헝가리 왕국의 수도가 되었다.

그림 21 **헝가리 부다페스트의 부다성, 푸니쿨라, 부다페스트 역사 박물관**

20세기 이후 부다페스트의 인구성장은 부다페스트 도심 외곽지역에서 주로 이루어졌다. 수도 부다페스트에 헝가리의 산업과 사람이 집중되면서 우이페스트(Újpest)와 키스페스트(Kispest) 지구에 인구가 증가했다. 1910년 인구는 1,110,453명으로 1백만 명이 넘었다. 1980년에는 2,059,226명으로 늘어나 2백만 명을 상회했다. 2020년에는 1,750,216명으로 집계됐다. 부다페스트 시역 안의 인구가 다소 감소한 것 같으나 실제는 부다페스트 주변지역으로 인구가 확대되었다. 오늘날 부다페스트 대도시권 인구는 3백만 명 이상을 상회한다.

부다성(Buda Castle)은 벨라 4세 이후 헝가리 국왕들이 살았던 성채다. 부다성은 19세기 건축 양식의 가옥들과 공공건물들로 건설되었다. 부다 성은 아담 클라크 광장과 세체니 체인 다리와 이어져 있다. 지금은 부다페스트 역사 박물관, 헝가리 국립 미술관, 국립 도서관으로 사용되고 있다.그림 21

1870년 부다 왕궁까지 올라가는 케이블카 푸니쿨라(Budapest Castle Hill Funicular)를 설치했다. 케이블카 푸니쿨라는 여러 차례 손상되었으나 개보수 과정을 거쳐 1983년에 원래의 모습으로 재건되었다. 세체니 체인 다리 위로 다뉴브강을 건너서 케이블카 푸니쿨라를 타면 부다성까지 올라간다.그림 22

그림 22 헝가리 부다페스트 부다성의 케이블카 푸니쿨라

그림 23 **헝가리 부다페스트의 세체니 체인 다리**

　세체니 체인 다리는 다뉴브강 양안의 부다와 페스트를 연결하는 다리다. Széchenyi Chain Bridge로 표기한다. 1840-1849년의 기간에 건설했다. 세체니 체인 다리의 명칭은 다리 건설의 후원자였던 정치가 세체니 이슈트반의 이름에서 유래했다. 런던 다리를 세웠던 영국인 윌리엄 클라크와 스코틀랜드 애덤 클라크가 건설했다. 총길이는 275m이고 너비는 13.8m다. 수천개의 전등이 380m의 케이블로 이어졌다. 세체니 체인 다리의 야경은 밝게 빛나는 전등으로 아름답다. 세체니 체인 다리에 사자상이 있다.그림 23, 24

그림 24 **헝가리 부다페스트 세체니 체인 다리의 사자상**

성 이슈트반 대성당은 이슈트반 왕을 기념하는 성당이다. 영어로 St. Ste-phen's Basilica(스테판 대성당)라고 표기한다. 부다페스트에서 가장 큰 성당이다. 성 이슈트반의 신체 가운데 미라 상태로 오른쪽 손이 보전되어 있다. 1851-1906년 사이에 세운 성당으로 엥겔스 광장 근처에 있다. 헝가리 건축가 요제프 힐드와 미클로가 설계했다. 네오 르네상스 양식이다. 전체 구조가 그리스도 십자가 형상이며 중심에 중앙 돔이 있다. 중앙 돔의 높이는 건물 내부에선 86m, 외부에선 96m다. 탑의 높이는 마자르족이 이 지역에 자리잡은 건국의 해 896년을 뜻한다. 8,500명 이상이 예배를 볼 수 있다. 대성당 돔의 스테인드글라스는 카로이 로츠의 작품이다. 정문 위에 부조에는 성

모 마리아가 성 이슈트반 왕이 바치는 헝가리 왕관을 받고 있다. 이는 마자르족이 기독교로 유럽의 일부가 되었음을 알리는 내용이다.그림 25

부다페스트에 있는 성모 마리아 대성당은 1015년에 세워졌다. 역대 국왕들이 이곳에서 결혼식과 대관식을 거행했다. 1479년에 마차시 1세가 성당을 개축했다. 높이 80m의 첨탑이 증축되었다. 마차시 1세 왕가의 문장과 마치시 왕의 머리카락이 마치시 성당 남쪽 탑에 보관되어 있다. 이런 연유로 성당의 이름이 Mátyás templom (마차시 성당)으로 개명되었다. 영어로 Matthias Church(마티아스 성당)이라 표기한다.그림 26

그림 25 **헝가리 부다페스트의 성 이슈트반 대성당**

「어부의 요새」는 헝가리 애국정신의 상징이다. 영어로 Fisherman's Bastion라 표기한다. 1844-1851년의 기간에 지었다. 1895-1902년의 기간에 개축했다. 네오 로마네스크와 네오 고딕양식이 혼재되어 있다. 어부의 요새의 일곱 개 탑은 896년에 카르파티안 분지에 정착한 건국 당시 마자르족

그림 26 **헝가리 부다페스트의 마차시 성당**

일곱 부족을 뜻한다. 1906년 어부의 요새와 마차시 교회 사이에 이슈트반 1세 동상을 세웠다. 1800년대 헝가리 전쟁 때 어부들이 요새를 방어하기 위해 싸웠다고 하여 「어부의 요새」라 붙여졌다. 옛날에 어시장(fishtown)이 있던 장소라는 설명도 있다.그림 27

안드라시 거리(Andrássy Avenue)는 1872-1876년 기간에 건설됐다. 거리 이름은 안드라시 수상 이름에서 따왔다. 파리 샹젤리제 거리를 모델로 했다. 세체니 다리의 끝에서 페슈토 지구의 시민공원까지 이어진다. 지상에는 성 이슈트반 대성당, 영웅 광장, 오페라 하우스, 리스트 페렌츠 음악 아카데미, 세체니 온천 등이 있다. 지하에는 지하철이 다닌다.

그림 27 **헝가리 부다페스트 어부의 요새**

그림 28 **헝가리 부다페스트의 회쇠크 영웅 광장**

회쇠크 광장은 영웅 광장(Heroes' Square)으로도 불린다. 896년 카르파티아 분지의 헝가리 정착과 헝가리 국가 창건 1000주년을 기념하기 위해 1896년에 건축되었다. 마자르족과 헝가리 지도자, 일곱 족장과 영웅 기념비, 무명용사비 등이 세워졌다. 2002년 유네스코 세계 유산으로 등재되었다.그림 28

국회 의사당은 1885-1904년 기간에 완성된 고딕 리바이벌 양식 건축물이다. 다뉴브 강변 코슈트 러요시(Kossuth Lajos) 광장에 있다. 길이 268m 너비 123m로 헝가리에서 가장 큰 건물이다. 성 이슈트반 왕관이 보관되어 있다.그림 29

그림 29 **헝가리 부다페스트의 국회 의사당**

시타델라(Citadella)는 1851년 부다페스트 겔레르트 언덕(Gellért Hill)에 세워진 요새다. 겔레르트 언덕은 높이 235m다. 겔레르트 언덕 명칭은 성(聖) 제라드의 이름을 따서 지었다. 시타델라 성곽은 U자형 구조로 길이 220m, 폭 60m, 높이 4m다. 60개의 대포가 전시되어 있다.

세체니 온천(Széchenyi Thermal Bath)은 부다페스트 14구 주글로에 있다. 이름은 세체니 이슈트반을 따서 지었다. 1909-1913년 기간에 바로크 리바이벌 건축으로 건립되었다.그림 30

부다페스트 지하철(Budapest Metro)은 1896년에 건설되었다. 헝가리 건국 1000주년이 되는 해다. 지하철의 정식이름은 황제의 이름을 딴「지하철 페렌츠 요제프 Ferenc József」다.「1호선」이라고 부른다. 지하철 1호선은 런던, 이스탄불에 이어 유럽에서 세 번째로 개통했다. 전기로 운전되는 지하철은 처음이었다. 고풍스러운 1호선(M1)이 지어진 후, 지하철 M2와 M3은 소련 풍으로 지어졌다. 2014년에 현대적 디자인의 지하철 M4가 개통되었다.

헝가리 항공 관문은 1950년에 개항한 부다페스트 페리헤기 국제공항이었다. 2011년 공항 명칭을 부다페스트 리스트 페렌츠 국제공항으로 변경했

그림 30 **헝가리 부다페스트의 세체니 온천**

다. 영어로 Budapest Ferenc Liszt International Airport라 표기한다. 리스트 탄생 200주년을 기리기 위해서다.

부다페스트 기술 경제 대학은 1782년에 세워진 엔지니어 양성 대학이다. 8개 학부와 1,500명의 교수와 연구 인력이 있다. 34명의 교수와 연구원이 헝가리 과학 아카데미 회원이다. 외국인 학생은 50개국에서 왔다. 교육 과정은 헝가리어, 영어, 독일어, 프랑스어, 러시아어의 5개 언어로 진행된다.

헝가리 작곡가 레조(Rezső, 1889-1968)가 1933년에 작곡한 『글루미 선데이 *Gloomy Sunday*』는 「자살 찬가」라는 별칭을 얻었다. 이 곡을 들은 많은 사람들이 자살했기 때문이다. 「자살 찬가」라는 명성에 마침표를 찍은 사건은 1968년 일어난 작곡가 레조의 자살이었다. 그는 『글루미 선데이』 이후 이렇다 할 히트곡을 만들지 못해 늘 괴로워 했다고 한다. 그는 '작은 파이프 스토브'란 뜻의 키스피파 벤데글로(Kis Pipa Vendéglő) 카페에서 피아노를 치며 활동했다. 그는 헝가리에 대한 애국심이 강해 부다페스트를 떠나지 않았다 한다.

그림 31 헝가리 제2도시 데브레첸

# 03 제2도시 데브레첸

데브레첸(Debrecen)은 헝가리 제2도시다. 2019년 기준으로 461.2km²면적에 202,402명이 산다. 이 도시는 1235년에 Debrezun 이름으로 처음 기록되었다. 도시의 명칭은 데브레신(debresin)에서 데브레준(Debrezun)이 유래했고 이것이 데브레첸으로 발전했다. 데브레신은 '좋은 땅'이란 뜻이다. 1361년 러요시 1세 국왕이 도시의 지위를 부여했다. 제1차 세계대전 이후 데브레첸 주변의 헝가리 일부 지역이 루마니아로 편입되어 데브레첸은 국경도시가 되었다.그림 31

데브레첸 개혁 교회(Reformed Great Church in Debrecen)는 코슈트(Kossuth) 광장과 칼빈(Kalvin) 광장 사이의 시내 중심에 있다. 이 교회는 헝가리 개신교의 상징이다. 교회 때문에 데브레첸이 칼뱅주의자 로마(Calvinist Rome)라 불리기도 한다. 신고전주의 양식으로 1805-1824년 사이에 세워졌다.그림 32

마자르족은 우랄산맥을 넘어 서진해 들어와 카르파티아 분지에 눌러 앉았다. 마자르족 지도자 아르파드는 896년에 헝가리 대공국을 세웠다. 독실한 기독교도인 이슈트반 1세는 1000년에 헝가리 왕국을 건국했다. 1247년 벨라 4세는 다뉴브강 서쪽 언덕에 부다성을 짓고 왕의 거주지를 부다로 옮겼다. 1361년 부다는 헝가리의 수도가 되었다. 1458-1490년 기간 재위한 마차시 1세는 헝가리의 르네상스 시대를 열었다. 1541년 오스만 제국은 헝가리

그림 32 **헝가리의 데브레첸 개혁 교회**

를 정복했다. 헝가리는 합스부르크 로열 헝가리, 오스만 헝가리, 오스만 보호령 헝가리로 3분 되었다. 1867년 오스트리아-헝가리 제국이 구축되어 헝가리 왕국 자치 정부가 들어섰다. 1873년에 부더·오부더·페슈트가 합쳐져 부다페스트가 되었다. 이때부터 부다페스트는 헝가리의 수도가 되었다. 오스트리아-헝가리 제국은 1918년에 해체됐다. 제2차 세계대전과 소련의 침공을 받아 헝가리는 부침을 거듭했다. 헝가리는 1989년부터 서구식 민주체제를 지향하면서 동부 유럽의 주요 국가로 발돋움하고 있다.

　헝가리어가 모국어다. 헝가리는 해외 무역에 주력하는 수출 지향의 시장경제 구조다. 주요 수출 품목은 기계와 운송 장비, 화학, 소비재, 농산물, 와인 등이다. 관광도 활성화되어 있다. 2021년 기준으로 1인당 GDP는 18,075달러다. 노벨상 수상자는 13명이다. 헝가리인 52.9%가 기독교를 믿는 것으로 조사됐다. 가톨릭이 38.9%, 개신교 13.8%, 기타 기독교 0.2%였다. 역사적으로나 기독교를 믿는 양상으로 볼 때 헝가리는 기독교 국가로 인지된다.

1873년 부다와 페스트 두 도시가 합쳐진 부다페스트는 헝가리의 수도다. 성 이슈트반 성당, 마치시 성당, 안드라시 거리, 국회 의사당, 어부의 요새, 세체니 체인 다리 등은 헝가리 역사의 영고성쇠를 보여준다. 제2도시 데브레첸은 여러 전쟁의 상흔을 딛고 헝가리 국경도시의 어려움을 극복하고 있다.

# 루마니아

그림 1 **루마니아 국기**

# 01 루마니아 전개과정

루마니아는 루마니아어로 România(로므니아)라 한다. 영어로 Romania로 표기한다. 2021년 기준으로 238,397km² 면적에 19,186,201명이 거주한다. 수도는 부쿠레슈티다. 공산주의 루마니아와 대비하여 민주공화정을 나타내는 루마니아 공화국이라 부르기도 한다.

「루마니아」라는 말은 '로마제국의 시민'을 뜻하는 라틴어 'Romanus'에서 유래했다. 국명 루마니아는 Rumania로 사용하다가 제2차 세계대전 이후 Romania로 공식화 되었다.

루마니아 국기는 트레이 쿨로리(Trei culori)라 한다. 파랑, 노랑, 빨강이 가로로 배치되어 있는 삼색기다. 국기는 1834년에 왈라카이 왕국에서 처음 채택했다. 1994년에 비율, 색상, 음영, 국기 프로토콜이 법으로 제정되었으며 2001년에 확정되었다. 파랑은 자유를, 노랑은 정의를, 빨강은 협동을 뜻한다.그림 1

카르파티아 산맥의 총 길이는 1,700km이며, 높이는 2,655m다. 카르파티아 산맥이 루마니아의 중앙에 자리잡고 있다. 동부·남부·서부 루마니아 카르파티아 산맥으로 나누어 루마니아의 지형적 특성을 설명한다.그림 2 루마니아는 대륙성 기후이고, 강우량은 750mm이상이다.

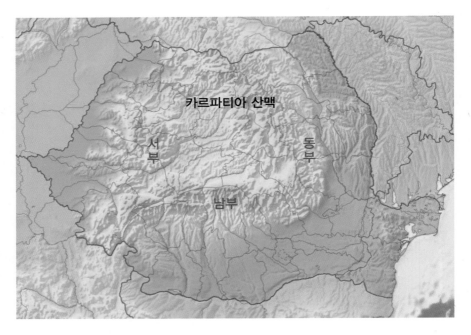

카르파티아 산맥

서부

동부

남부

그림 2 **루마니아의 카르파티아 산맥**

    다뉴브강은 독일의 흑림(黑林) 산맥에서 발원하여 오스트리아, 슬로바키아, 헝가리, 루마니아, 우크라이나 등을 거쳐 흑해로 흘러간다. 루마니아 흑해에 마마이아 리조트 해변이 있다.그림 3 다뉴브강의 총길이는 2,850km다. 루마니아와 우크라이나가 공유하는 다뉴브 삼각주가 형성되어 있다. 다뉴브 삼각주의 총면적은 5,165km²다. 이 가운데 루마니아 지역은 3,446km²다. 다뉴브 삼각주 남쪽에 에메랄드빛 녹색의 라짐-시노에(Razim-Sinoe) 석호가 있다. 1970-1989년 기간에 제방과 건조 지역이 조성됐다. 다뉴브 삼각주는 물과 땅의 미로(迷路)다. 구체적으로 호수, 수로, 습지, 섬, 갈대밭으로 구성되어 있다. 300종 이상의 새와 45종 이상의 민물고기가 서식하고 있다. 흰색

그림 3 **루마니아의 흑해 리조트 마마이아**

펠리컨, 회색 왜가리, 검은 왕관 뱀 왜가리, 청둥오리 등의 조류가 있다.그림 4
1991년에 다뉴브 삼각주의 루마니아 지역이 유네스코 세계 유산 목록에 등
재됐다. 1991년 람사르 습지로 지정됐다.

　로마인이 오늘날 루마니아 땅인 다키아(Dacia)로 이주하면서 루마니아 역
사가 시작됐다. 루마니아는 언어적 인종적으로 라틴계다. 세월이 흐르면서
슬라브인들이 루마니아 동쪽으로 밀려왔다. 12세기부터 이 지역에는 3개의
공국이 있었다. 15세기 오스만 제국이 들어와 통치했다.

그림 4 루마니아 다뉴브 삼각주의 항공 사진과 펠리컨

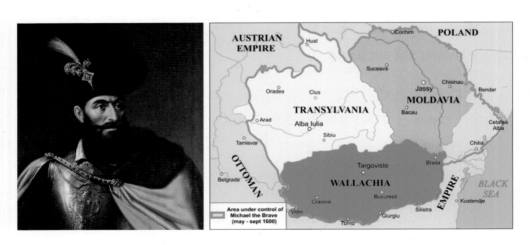

그림 5 루마니아 미카엘 왕자와 통치 지역 1600년 5월-9월

1593-1606년의 기간 동안 오스만 제국과 합스부르크 군주국 사이에 긴 전쟁이 전개됐다. 이 기간 중에 미카엘 왕자가 활약했다. 미카엘 왕자(Michael Brave)는 왈라키아 왕자(1593-1601), 몰다비아 왕자(1600), 트란실바니아 통치자(1599-1600)였다. 그는 1600년 5월에서 9월까지 왈라키아, 몰다비아, 트란실바니아 세 공국을 통합하여 통치했다. 19세기 이후 루마니아 민족주의자들은 미카엘 왕자를 루마니아 통일의 상징으로 받아 들였다.그림 5

19세기에 러시아, 오스트리아, 오스만 제국이 루마니아를 분할 지배했다. 이 지역은 크리미아 전쟁 후 오스만 제국에서 벗어났다. 그리고 유럽 열강이 보호하는 자치국이 되었다.

1859년에 몰다비아와 왈라키아 공국이 합병하여 연합 공국이 되었다. 몰다비아 왈라카이 연합 공국은 1866년까지 이어졌다. 1866년 독일 호엔촐레른가(家)의 카롤 1세가 영주로 선출되어 루마니아 공국이 성립됐다. 루마니아 공국은 1866-1881년 기간 동안 유지됐다. 1877년 러시아-오스만 전쟁이 일어났고 오스만 제국이 패배했다. 오스만 제국이 패배하면서 루마니아는 독립왕국의 지위를 얻었다. 1881-1947년의 기간에는 루마니아 왕국으로 존속했다. 이 시기 정치체제는 입헌 군주체제였다. 입헌 군주체제는 공산주의 정부가 들어선 1947년에 끝났다.

1918-1920년 기간에 부코비나, 베사라비아(동몰다비아), 트란실바니아, 도브루자, 바나트, 부자크 지역이 루마니아 왕국에 통합되어 대(大) 루마니아(România Mare)가 형성되었다. 대루마니아는 1919-1940년 기간 중에 루마니아 왕국이 지배했던 영토다. 총면적이 295,649km²였다. 루마니아 역사 가운데 가장 넓은 영토였다. 그러나 뮌헨협정의 영향으로 루마니아는 주변 국가의 압력을 받게 되었다. 1940년 루마니아는 베사라비아와 부코비나를 소련에, 트란실바니

그림 6

아를 헝가리에, 도브루자를 불가리아에 할양해야 했다. 루마니아는 제2차 세계대전 후 트란실바니아를 되찾았다.그림 6

2차 세계대전 이후 루마니아에 공산당 국가가 들어섰다. 1947-1965년에는 루마니아 인민 공화국이었다. 1965-1989년에는 차우셰스쿠

**그림 6 대(大) 루마니아(1919–1940) 영토와 1940년 루마니아의 영토 상실**

가 통치하는 루마니아 사회주의 공화국이었다. 1989년 루마니아에 혁명이 일어났다. 루마니아 혁명은 서부 도시 티미쇼아라에서 시작되어 전국으로 퍼졌다. 1989년 12월 25일 차우셰스쿠는 부쿠레슈티에서 재판을 거쳐 시민들에 의해 죽임을 당했다.

공산당 정부가 물러가고 민주화가 진행됐다. 1989년 이후 나라 이름은 「루마니아」로 바뀌었다. 루마니아는 여러 사회적 어려움을 겪었으나 1996년 이후 안정을 도모하고 있다. 오늘날 루마니아는 개방과 시장경제를 지향하는 공화국 체제다. 정치 체제는 대통령과 총리가 함께 있는 프랑스 체제와 유사하다. 국회는 양원제다. 루마니아는 1955년 유엔에, 2004년 NATO에, 2007년 유럽연합에 가입했다.

그림 7 **루마니아 부코비나의 푸트나 수도원**

　공용어는 루마니아어, 헝가리어, 독일어다. 루마니아어가 모국어인 사람은 전 인구의 91%다. 헝가리어 사용자는 6.5%, 독일어 사용자는 0.2%다. 2011년 기준으로 루마니아인이 89%, 헝가리인이 6.5%, 로마니가 3.3%다. 헝가리인은 대부분 트란실바니아에 산다.

　2011년 기준으로 루마니아 종교는 루마니아 정교회가 81.0%, 개신교가 6.2%, 로마 가톨릭이 5.1% 등 기독교가 92.3%다. 몰다비아의 스테판 왕은 수십개의 수도원을 세웠다. 1466년 부코비나에 들어선 푸트나(Putna) 수도원은 루마니아 정교회 수도원 가운데 하나다.그림 7

**그림 8 루마니아의 체조 선수 나디아 코마네치**

루마니아는 석유 생산국이었다. 공산주의 시절 중공업 위주 발전 정책을 폈으나 기술력, 자본력, 시장의 한계로 실패했다. 2000년대 초반에 경제성장이 이루어졌다. 1864년에 설립한 CEC(Casa de Economiiși Consemnațiuni) 은행이 부쿠레슈티에 있다. 1966년에 설립된 다치아 자동차, 1991년에 세운 OMV Petrom 석유 가스 기업이 활동 중이다. 2015년 루마니아의 전력은 화력 28%, 수력 25%, 원자력 18%, 풍력 11% 등의 비율로 공급된다. 수출품은 자동차, 화학, 전자, 의약품, 식품, 고무 등이다. 2021년 루마니아 1인당 GDP는 14,968달러다. 노벨상 수상자는 5명이다.

루마니아의 문화는 라틴 문화를 기본으로 한다. 러시아-오스만 제국 전쟁 이후 루마니아에서는 민족주의가 크게 고양되었다. 민족주의 인사들은 오스만 문화를 배척했다. 일부에서는 슬라브 문화를 받아들였다. 루마니아 소설가 게오르규는 1949년 『25시』를 발표했다. 작가가 투옥됐던 경험을 바탕으로 쓴 소설이다. 25시의 의미는 하루의 24시간이 끝나고 다음날 아침이 오지 않는 최후의 시간을 뜻한다고 한다. 같은 제목으로 영화화됐다.

나디아 코마네치(Comăneci)는 체조 운동으로 루마니아를 세계에 알린 체조 선수다. 1976년 14세때 몬트리얼 올림픽에서 10.0 만점을 받았다. 9개의 올림픽 메달과 4개의 세계 체조 선수권 대회 메달을 땄다. 1989년 루마니아 혁명 때 미국으로 망명했다. 2001년 이후 미국 시민이며, 루마니아 국적인이다.그림 8

그림 9 **루마니아의 수도 부쿠레슈티**

# 02 수도 부쿠레슈티

부쿠레슈티(Bucureşti)는 루마니아의 수도다. 영어로는 Bucharest(부카레스트)라 표기한다. 228km² 면적에 2020년 기준으로 2,155,240명이 거주한다. 부쿠레슈티 대도시권 인구는 2,315,173명이다. 1920-1930년까지 고풍의 정취가 배어 있는 건물이 많아 부쿠레슈티는「작은 파리(Little Paris)」라 불리기도 했다. 부쿠레슈티라는 이름은 양치기 부쿠르(Bucur)라는 사람의 이름에서 유래했다 한다.그림 9

부쿠레슈티는 요새도시로 출발했다. 1459년 기록에 처음 등장했다. 1659년 왈라키아 공국의 수도가 되었다. 1861년 왈라카이 몰다비아 연합 공국이 출범하면서 수도가 되었다. 당시 몰다비아 수도는 이아시였다. 1877년 루마니아 왕국의 수도로 성장을 가속화했다. 1977년 지진으로 1,500여 명이 사망했다. 차우세스쿠는 새로운 도시를 세운다는 이유로 부쿠레슈티 구시가지를 상당 부분 훼손했다. 2000년대 이후 훼손된 도시가 개선되고 있다.

부쿠레슈티는 제2차 세계대전 이후 기계·금속 등의 산업에 중점을 둔 중공업 지향도시로 바뀌었다.

부쿠레슈티는 교육과 문화의 중심지다. 1694년 왈라카이 통치자 콘스탄틴 브란코베아누는 부쿠레슈티에 프린스리 아카데미(Princely Academy)를 세워 강의를 시작했다. 1864년 알렉산드루 쿠자(Cuza) 왕자는 프린스리 아카

그림 10 **루마니아 부쿠레슈티의 헤라스트라우 공원**

데미를 잇는 부쿠레슈티 대학을 설립했다. 대학 규모는 직원 2,585명, 교수 1,290명, 학생 34,000명이다. 부쿠레슈티에는 700개의 공공도서관, 43개의 미술박물관, 3개의 교향악단이 있다.

부쿠레슈티에는 공원과 녹지대가 많다. 8개의 호수를 이용하여 만든 헤라스트라우(Herăstrău) 공원은 문화와 스포츠 레저 중심지다. 공원의 면적은 187ha이며, 74ha가 호수다. 1930-1935년의 기간에 습지였던 이곳에서 물을 빼내어 1936년 공원으로 문을 열었다. 공원은 자연 구역과 공공 활동 구역으로 나뉜다. 자연 구역에는 박물관 등의 문화 시설이 있다. 공공 활동 구역에는 레크리에이션을 위한 여러 시설이 있다. 2017년 공원 이름을 「킹 미하이 1세 공원(King Mihai 1 Park)」으로 바꿨다. 2017년 12월 5일에 사망한 전 루마니아 왕 미하이(마이클) 1세를 기념하는 명칭 변경이었다.그림 10

부쿠레슈티에 개선문이 있다. 루마니아가 독립한 1878년에 목조로 건설했다. 개선문 아래로 군대가 행진했다. 1922년 콘크리트와 석고를 활용하여 좀더 정교하고 단단하게 다듬었다. 1936년에 석재를 이용하여 파리 개선문과 유사한 오늘날의 개선문이 완성되었다. 개선문의 높이는 27m다. 루마니아 국경일인 12월 1일에 개선문 아래에서 군사 퍼레이드가 열린다.그림 11

엘리자베타 궁전은 1936년에 세웠다. 루마니아 왕국 왕실 가족의 공식 거주지다. 2001년에 루마니아 상원에서 왕실 가족의 거주지로 사용할 수 있도록 법적 뒷받침을 했다. 외국의 국가 원수, 왕족, 정치인 등이 특별 행사 때 초대된다.

미국 팝가수 마이클 잭슨이 1992년 10월 1일 부쿠레슈티 「콤플렉스 스포르티브 스테아우아 경기장」에서 『*Dangerous World Tour*』 공연을 했다. 소련이 붕괴된 후 동구권의 문화 개방을 상징하는 공연으로 7만 명이 운집했었다.

그림 11 **루마니아 부쿠레슈티의 개선문**

스피리 언덕 위에 지은 인민 궁전(Casa Poporului)은 1983년부터 건설이 시작되었다. 1,100개의 방이 있으며 12층 높이다. 1997년 이후 루마니아 관리청사로 쓰여 왔다. 2005년부터 루마니아 국회도 궁전을 사용한다. 연회장과 살롱 등이 있다. 현대 미술 박물관과 연계된다. 부속건물, 새로운 용도의 건물, 지하 주차장 등이 보강 건축되고 있다.그림 12

그림 12 **루마니아 부쿠레슈티의 인민 궁전**

그림 13 **루마니아 부쿠레슈티 중심지의 칼레아 빅토리에이 거리**

부쿠레슈티 중심부의 주요 도로는 칼레아 빅토리에이(Calea Victoriei. Victory Avenue)다. 길이는 2.7km다. 이 도로는 1877-1878년의 독립전쟁에서 승리한 후 1878년 10월 12일 「칼레아 빅토리에이」로 이름이 바뀌었다.그림 13 이 거리에는 아테네움, 카사 카프샤, 칸타 쿠치노 궁전 등이 있다. 패션, 아트 부티크, 커피숍, 레스토랑이 들어서 있는 부쿠레슈티 고급 쇼핑가다.

아테네움은 1888년에 개장한 랜드마크적인 콘서트홀이다. 돔형 원형이 있는 신고전주의 양식으로 지어졌다. 건물 앞에는 작은 공원이 있다. 1층에는 컨퍼런스홀이 있다. 강당에는 652석의 좌석이 있다. 콘서트홀의 내부에는 로마 황제 트라야누스가 다키아를 정복할 때부터 1918년까지의 루마니아 역사 내용이 묘사되어 있다. 2007년 유럽 문화 유산 목록에 등재됐다.그림 14

카사 카프샤(Casa Capşa)는 1852년에 문을 연 부쿠레슈티의 오래된 레스토랑이다. 2003년에 61개의 객실이 있는 호텔로 재개장했다. 루마니아 문인들이 만나고 교제하며 문화를 꽃피우는 장소다.

칸타쿠치노 궁전은 1901-1902년 기간에 프랑스 보자르 스타일로 지어졌다. 부쿠레슈티 지도자의 거주 용도로 공공기관 회의 용도로 활용되다가 오늘날에는 박물관으로 사용된다.

루마니아 관문 공항은 오토페니(Otopeni) 국제공항이었다. 2004년에 공항 이름을 헨리 코안더(Henri Coandă) 국제공항으로 바꿨다. 헨리 코안더 교수는 루마니아의 비행기 개척자이면서 세계 최초로 제트기를 발명한 발명가다. 공항은 부쿠레슈티 북쪽으로 16.5km 떨어진 오토페니에 있다. 부쿠레슈티에는 바냐사 공항도 있다.

루마니아 공용어는 루마니아어, 헝가리어, 독일어다. 루마니아어가 모국어인 사람은 전 인구의 91%다. 헝가리어 사용자는 6.5%, 독일어 사용자는 0.2%다. 루마니아 종교는 루마니아 정교회가 81.0%, 개신교가 6.2%, 로마 가톨릭이 5.1% 등 기독교가 92.3%다. 루마니아는 2000년대 초반부터 경제 성장이 이루어졌다. 2021년 루마니아 1인당 GDP는 14,968달러다. 노벨상 수상자는 5명이다. 부쿠레슈티는 1659년 이후 루마니아의 중심지이며 수도다.

그림 14 **루마니아 부쿠레슈티의 콘서트홀 아테네움**

# 우크라이나

우크라이나 전개과정

수도 키이우

그림 1 우크라이나 국기

## 우크라이나 전개과정

우크라이나는 우크라이나어로 Україна(우크라이나)라 한다. 로마자로 Ukraï-na, 영어로 Ukraine로 표기한다. 2021년 기준으로 603,628km² 면적에 41,319,838명이 거주한다. 크림반도와 세바스토폴을 제외한 인구다. 수도는 키이우다. 우크라이나는 '국가, 영토'란 뜻이다.

2001년 기준으로 인종구성은 우크라이나인이 78%로 다수다. 러시아 인이 17.3%로 8,334,100명이다. 러시아인은 남부와 동부에 몰려 산다. 남부 크림 인구의 58.3%인 1,180,400명, 동부 도네츠크 인구의 38.2%인 1,844,400명이 러시아인이다.

공용어는 우크라이나어로 67.5%가 사용한다. 러시아어를 쓰는 사람은 29.6%다. 각 기관과 인터넷 사이트에서 두 언어가 모두 사용된다. 우크라이나어와 러시아어는 동슬라브 어군이다.

국기는 하늘색과 노란색의 2색기다. 1848년에 처음 채택되었다. 1992년 헌법으로 오늘날의 국기가 확정됐다. 하늘색은 우크라이나의 하늘·강·산을, 노란색은 우크라이나의 황금 밀밭과 땅의 풍요로움을 상징한다. 하늘색은 고요함(calm)을, 노란색은 기쁨(joy)을 나타내기도 한다.그림 1

우크라이나의 체르노젬(黑土) 지대는 비옥한 토양으로 농작물이 대량 생산되는 곡창지대다.그림 2 경지율이 70%다. 무연탄, 철, 크롬, 천연 가스, 석유 등 수십 종의 천연자원이 매장되어 있다. 우크라이나는 루마니아와 다뉴브 삼각주로 연접하고 있다. 카르파티아 산맥이 우크라이나 서부에 있다. 제일 높은 호버라산은 2,061m다. 러시아 발다이 구릉에서 발원하여 우크라이

그림 2 **우크라이나의 밀밭**

나를 북에서 남으로 관통해 흑해로 흘러가는 Dnieper(드니프로)강이 흐른다. 총길이 2,201km 가운데 우크라이나 부분은 981km다. Dniester(드니스테르)강은 카르파티아 산맥에서 발원하여 우크라이나의 서쪽과 몰도바를 거쳐 흑해로 흘러 들어간다. 총길이 1,362km 가운데 우크라이나 부분은 705km다.

우크라이나 역사는 882년 키이우 루스가 수립되면서 본격화되었다. 루스 카간국으로부터 키이우 대공국에 이르기까지 튀르크족과 몽골족의 지배를 받았다. 1199-1349년의 기간 동안 Galicia(갈리치아) 공국과 Volhinia(볼히니아) 공국이 존속했으나, 폴란드-리투아니아 연방에 정복되었다. 1649-1764년 사이에 카자크 수장국이 드니프로강과 드니스테르강 연안에 존재했었다. 카자크 수장국은 1764년 소러시아의 이름으로 러시아 제국에 흡수되었다.

1917년 러시아에서 혁명이 일어났다. 1917년 12월에 우크라이나 소비에트 사회주의 공화국이 결성되었다. 1922년 소비에트 대회에서 우크라이나는 소비에트 연방의 공화국으로 참여하게 되었다.

1932-1933년의 기간 동안 우크라이나에서 큰 기근이 있었다. 우크라이나어로 '기아로 인한 치사'라는 뜻의 Holodomor(홀로도모르)다. 급속한 집단 농장 정책에 따른 인재(人災)다. 스탈린은 집단 농장 정책을 밀어 붙였다. 농산물 수출로 산업화 자본을 단기간에 마련하려는 의도였다. 그러나 오랫동

안 개인 농장 경영을 해오던 우크라이나와 돈강 유역 농민은 반발했다. 농산물 생산이 미진하자 정부는 부농(富農)인 쿨라크의 농장을 습격하여, 식용·종자용 등 보관된 모든 곡물들을 가져갔다. 농민들은 집단농장에 필요한 소들을 도살했다. 이는 기근으로 이어졌다. 2010년 키이우 항소 법원은 홀로도모르로 인한 인구 통계학적 손실이 1천만 명에 달했다는 조사 결과를 내놓았다. 390만 명이 기근으로 사망했으며, 610만 명이 기근 후유증으로 출생하지 못했다고 했다.

소련은 1954년 우크라이나 소비에트 사회주의 공화국에 크림 주를 양도했다. 니키타 흐루쇼프의 제안으로 이뤄졌다. 1654년 카자크 수장국과 루스차르국과 체결한 페레야슬라프 조약 300주년을 기념하자는 의미였다. 그러나 2014년 3월 주민투표로 크림반도의 러시아 합병이 결정됐다. 2015년 1월 법적으로 크림반도는 러시아 행정 구역에 편입되었다. 이에 대해 우크라이나를 비롯한 다수의 국가들은 러시아로의 합병을 인정하지 않고 있다. 크림반도에는 2021년 기준으로 27,000km² 면적에 2,416,856명이 살고 있다. 고대 케르소네소스가 있던 곳에 중심도시 세바스토폴이 세워졌다. 키이우 루스의 블라디미르 1세는 988년에 케르소네소스에서 세례를 받았다. 세례 받은 곳으로 추정되는 세바스토폴 외곽 케르소네소스 부지에 1891년 성(聖) 블라디미르 대성당이 세워졌다.

1986년 4월 25일에 원자력 발전소 폭발 참사가 터졌다. 키이우 주 프리피야티에 소재한 체르노빌 원자력 발전소였다. Chernobyl disaster(체르노빌 참사)는 레벨 7등급의 원자력 사고였다. 체르노빌 인근의 우크라이나, 벨라루스, 러시아 지역이 피폭되었다. UN은 발전소 폭발로 50명이 사망했다고 추정했다. 2005년에는 4,000명이 방사능 피폭으로 점차 사망할 것이라고 진단했다. 체르노빌 참사는 냉전 종식과 소련의 해체에 영향을 주었다. 그림 3

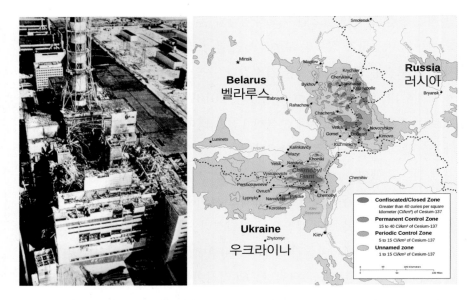

그림 3 **우크라이나의 체르노빌 참사와 1996년 체르노빌 주변의 방사능 수치**

　1991년 8월 24일 우크라이나는 소련으로부터의 독립을 선언했다. 1991년 12월 1일 우크라이나에서 독립선언법에 관한 국민 투표가 있었고 유권자의 92.3%가 찬성했다. 1991년 12월 25일 소비에트 연방이 붕괴했다. 1996년 6월 현행 헌법이 채택됐다. 우크라이나는 3권이 분리된 의회민주주의 국가다. 대통령은 직접 선거를 통해 선출된다. 대통령이 총리와 내각을 지명한다. 의회는 단원제다. 2019년 8월 24일 독립기념일에 방위군 행진을 하며 독립의 기쁨을 표현했다. 2022년 2월 러시아가 우크라이나를 침공했다.

　2018년 기준으로 우크라이나 종교 구성에서 기독교는 86.8%로 주류다. 정교회가 67.3%, 그리스 가톨릭이 9.4%, 개신교가 1.2%, 로마 가톨릭이 0.8%, 기타 기독교가 8.1%다.

　키이우에 위치한 성 소피아 성당은 1011년에 세워진 대표적인 정교회 성

그림 4 **우크라이나 키이우의 성 소피아 성당**

당이다. 유네스코와 우크라이나는 「2011년이 성당 건축 1000주년이 되는 해」라고 승인했다. 성당 구조는 5개의 본당, 5개의 후진, 13개의 돔이 설치되어 있다. 3면이 2층 갤러리로 둘러싸여 있다. 37-55m 크기의 외부 주각(柱脚)이 있다. 내부에는 야로슬라프 석관이 안치되어 있다. 우크라이나 지폐 2 흐리우냐에 성 소피아 성당 원래 모형이 그려져 있다.그림 4

1051년에 세워진 키이우 페체르스크 수도원은 「키이우 동굴 수도원」이라고도 부른다. 동방 정교회 수도원이다. 수도원 안에는 종탑, 교회, 수도원 동굴이 있다.그림 5 1990년 성 소피아 성당과 관련 수도원 건물, 페체르스크 수도원이 유네스코 세계 유산에 등재되었다.

그림 5 **우크라이나 키이우의 페체르스크 수도원**

　하르키우에 있는 수태고지(受胎告知) 성당은 1888년에 지어진 정교회 교회다. 종탑의 높이가 80m다. 종탑은 5극형 네오 비잔틴 양식으로 구조화되어 있다.

　우크라이나 경제에서 농업이 차지하는 비율은 2008년에 GDP의 8.3%였고, 2012년에 10.4%였다. 2018년의 농산물 생산량 중 세계 5위 이내의 품목은 해바라기씨, 감자, 호박, 메밀, 완두콩, 옥수수, 당근, 양배추다. 흑해 연안과 자카르파티아 주의 티자 계곡 주변에서 양질의 와인이 생산된다. 2019년 수출 규모 비율에서 5% 이상인 품목은 옥수수, 종자유(油), 철광, 밀, 반제품 철이다. 1991년에 우크라이나 국립은행이 세워져 금융 체계를 정비했다. 2021년 1인당 GDP는 3,984달러다. 노벨상 수상자는 6명이다. 노벨상 분야는 물리학 1명, 화학 1명, 문학 2명, 생리학/의학 2명이다.

우크라이나 문화는 동방 정교회와 슬라브 민속적 전통에 의해 영향을 받았다. 전통적인 농민 민속 예술, 자수와 토속 건축은 우크라이나 문화에서 중요하다. 민속 공연자는 우크라이나 전통 자수 복장을 입고 민속 공연을 한다.그림 6

그림 6 우크라이나 전통 자수 복장을 입은 민속 공연자들

## 수도 키이우

키이우는 우크라이나어로 Київ(키이우)라 한다. 영어로는 Kiev(키예프)로 표기한다. 도시에 드니프로 강이 흐른다. 강을 따라 952m 내려가면 흑해가 나온다. 839km² 면적에 2021년 기준으로 2,962,180명이 산다. 키이우 대도시권 인구는 3,475,000명이다. 도시의 명칭은 이 도시를 세운 4명의 인물 가운데 한 명인 Kyi(키이)에서 따왔다 한다.그림 7

키이우는 5세기경 동슬라브인들의 무역기지로 출발했다. 10-12세기 동안 키이우 루스의 수도였다. 1210년 몽골이 침입했다. 여러 어려움을 겪다가 러시아 제국의 영토가 되었다. 19세기말 러시아 산업혁명 중심지의 한 곳으로 성장했다. 1934년 우크라이나 수도를 하르키우에서 키이우로 옮겼다.

Kharkiv(하르키우)는 카자크 인들이 1654년 드니프로 강 좌안에 세운 도시다. 1917년부터 1934년까지 우크라이나 사회주의 공화국의 수도였다. 「우크라이나의 첫 수도」라 불린다. 2021년 기준으로 350km² 면적에 1,433,886명이 산다. 하르키우 대도시권 인구는 2,032,400명이다.

제2차 세계대전인 1941년 나치와 벌인 키이우 전투에서 키이우는 큰 피해를 입었다. 1986년 키이우 북쪽 100km에 있는 체르노빌에서 방사능 참사가 터졌다. 마침 바람이 북쪽으로 불어 키이우에는 방사능 낙진이 적었다. 인접

**그림 7 우크라이나 수도 키이우**

독립광장

그림 8 **우크라이나 키이우의 독립 광장과 지도**

국인 벨라루스는 큰 피해를 입었다. 1991년 소련 해체로 독립하면서 키이우
는 우크라이나의 수도가 되었다.

1991년 우크라이나가 독립한 이후 도시 가꾸기가 본격화되었다. 키이우
는 시역의 54.4%가 녹지다. 흐레샤티크 거리와 독립 광장이 새롭게 정비되
었다. Maidan Nezalezhnosti(마이단 네잘레즈노스티, 독립 광장)는 우크라이나 키이
우의 중앙 광장이다.그림 8 19세기에 이곳에 시 의회와 귀족 의회 건물이 있
었다. 소련이 붕괴되고 1991년 우크라이나 독립 선언과 운동이 전개되면서
이곳은 '독립 광장'의 이름을 얻었다. 2004-2005년 사이에 주황색 옷을 입은
시민들이 부정 부패에 대한 규탄 시위를 펼쳤던 오렌지 혁명(Orange Revolution)
장소였다. 독립 광장은 여러 퍼레이드, 공개 회의 등 이벤트가 열리는 장소
로 활용되고 있다.

우크라이나 대통령 집무실 건물은 반코바(Bankova) 거리에 위치한다. 국가
안보와 방위위원회도 함께 있다. 1936-1939년에 지어졌다. 건물 벽이 두껍
게 건축되었다.

그림 9 **우크라이나 키이우의 「키메라가 있는 집」**

　「키메라(Chimaeras)가 있는 집」은 1901-1902년 기간에 세웠다. 폴란드 건축가 호로데키(Horodecki)가 거주지로 사용하려고 지은 집이다. Horodecki House라고도 한다. 호로데키가 사냥을 좋아해서 이국적인 동물을 건물에 장식용으로 붙였다. 신화에 나오는 키메라가 아니라 장식용 동물 형상 때문에 「키메라가 있는 집」이라 칭했다. 대통령 집무실 건너편에 있다. 2005년부터 대통령이 공식 외교 행사가 있을 때 사용하는 관저다.그림 9

　Mariinskyi(마린스키) 궁전은 1744-1752년 기간에 건축됐다. 대통령의 관저다. 입법부인 「최고 라다」 의사당 옆에 있다. 1870년 알렉산드르 2세 황제의 아내 마리아 알렉산드로브나를 기념해 건물 명칭을 지금과 같이 정했다.

키이우 역사지구에 사적지 Golden Gate(황금문)이 있다. 11세기 키이우 대공국 시대에 키이우로 들어가는 요새의 정문이었다. 1982년에 재건되었다.

성 블라디미르 기념비는 1853년 드니프로 강 좌안의 성 블라디미르 언덕에 세웠다. 코트를 입은 루스의 세례자 블라디미르는 오른손에 커다란 십자가를, 왼손에 대공 모자를 들고 있다. 블라디미르 동상의 높이는 16m이고 기념물의 총 높이는 20.4m다.그림 10

그림 10 **우크라이나 키이우의 성 블라디미르 기념비**

그림 11 **우크라이나 키이우의 비두비치 수도원**

Vydubychi(비두비치) 수도원은 1070-1077년 기간에 키이우 대공국의 프세볼로트 1세가 지었다. 프세볼로트 1세는 현자 야로슬로프의 아들로 대공이었다. 비두비치는 '물에서 나오다'라는 뜻이다. 1990년대 후반부터 우크라이나 정교회의 키이우 총대 교구청이 관리하고 있다. 비두비치 교회 합창단은 독립 이후 우크라이나어로 신성한 노래를 재개한 합창단이다. 수도원에서 다르니츠키 다리, 키이우 시내 은행 주거지역이 보인다. 수도원 주변에는 흐리시코 국립식물원의 라일락 꽃밭이 가꾸어져 있다.그림 11

성(聖) 미카엘 황금 돔 수도원은 1108-1113년 기간 키이우 대공국의 스뱌토폴크 2세 대공이 건설했다. 수도원 이름은 대천사 미카엘에서 유래됐

그림 12 **타라스 셰우첸코 우크라이나 국립 아카데미아 오페라 발레 극장**

다. 비잔틴 제국의 수도원 건축 양식으로 지었다. 수도원 외부는 우크라이나 바로크 양식으로 개조했다. 1934-1936년에 수도원이 철거되고 정부 청사가 들어섰다. 1991년 우크라이나가 독립한 후 복원을 시작해 1999년 완료했다. 혼란한 시기에 유출되었던 수도원의 모자이크 벽화와 문화재가 반환되었다.

　1867년에 키이우에 오페라 극장이 설립되었다. 1896년의 화재로 소실되었다. 1901년 네오르네상스 건축 양식으로 오늘날의 오페라 극장이 건설되었다. 극장의 전체 명칭은 「타라스 셰우첸코 우크라이나 국립 아카데미아 오페라 발레 극장」이다. 내부구조는 5층으로 되어 있다.그림 12 키이우에서 출생한 블라디미르 호로비츠(1903-1989)는 피아니스트이며 작곡가였다. 키이

그림 13 **우크라이나 키이우의 패튼 다리**

우에서 태어난 골다 메이어(1898-1978)는 이스라엘 총리를 역임했다. '철의 여인'으로 묘사됐다.

Taras Shevchenko(타라스 세우첸코)는 1800년대 중·후반에 활동한 우크라이나의 인문주의자였다. 시인, 작가, 화가, 학자, 정치가로 활동하면서 우크라이나 문학과 우크라이나어의 토대를 마련했다는 평가를 받았다. 100 흐리우냐 지폐에 세우첸코의 초상이 그려져 있다.

키이우 대학교는 1834년 러시아 제국 니콜라이 1세가 세웠다. 1939년 타라스 세우첸코 국립 키이우 대학교로 이름을 바꿨다. 15개 학부, 5개 연구기관이 있다. 1960년 이래 외국 유학생을 적극 유치하고 있다.

우크라이나의 국립 역사 박물관은 1899년에 문을 열었다. 약 800,000개

항목의 컬렉션이 있다. 영구 전시품은 22,000점이다. 우크라이나의 고고학 자료, 민족지, 무기, 화폐, 예술 작품, 우크라이나 민족 운동 유물 등이 있다.

우크라이나 키이우에선 매년 수백 명이 참가하는 달리기 행사가 있다. 5.5km의 거리를 「Run under the Chestnuts」 슬로건을 내걸고 진행하는 공공 스포츠 행사다.

Paton(패튼) 다리는 1941-1953년의 기간동안 건설된 다리다. 용접 전문가 패튼 교수가 전체 다리를 용접으로 시공했다. 길이는 1,543m다. 키이우 소 순환 도로의 일부다.그림 13

우크라이나의 공용어는 우크라이나어로 67.5%가 사용한다. 러시아어를 쓰는 사람은 29.6%다. 우크라이나 경제에서 농업이 차지하는 비율은 높다. 수출 규모 비율에서 5% 이상인 품목은 옥수수, 종자유(油), 철광, 밀, 반제품 철이다. 2021년 1인당 GDP는 3,984달러다. 노벨상 수상자는 6명이다. 우크 라이나 종교에서 기독교는 86.8%로 주류다. 정교회가 67.3%, 그리스 가톨 릭이 9.4%, 개신교가 1.2%, 로마 가톨릭이 0.8%, 기타 기독교가 8.1%다.

# 벨라루스
# 공화국

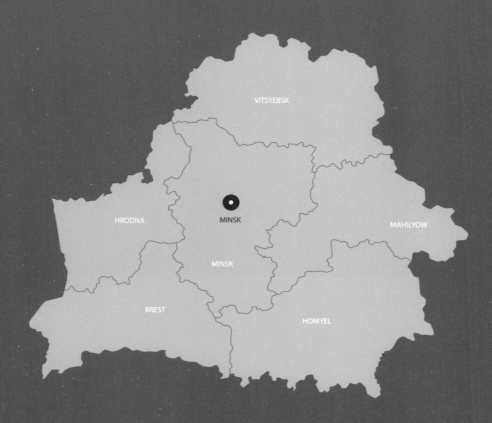

그림 1 벨라루스 국기

## 벨라루스 전개과정

벨라루스 공화국은 벨라루스어로 Рэспу́бліка Белару́сь(레스푸블리카 벨라루시)
라 한다. 영어로 Republic of Belarus로 표기한다. 약칭으로 벨라루스라 한
다. 2021년 기준으로 207,595km² 면적에 9,349,645명이 산다. 수도는 민
스크다.

벨라루스라는 나라 이름은 「하얀 루스」라는 표현에서 비롯됐다. 'White
Ruthenia'를 의미한다. 러시아 제국 때는 Belorussia(벨로루시아)라 했다. 이
런 연유로 한때 「백(白)러시아」라 불렀다. 우리나라에서는 벨로루시라 칭했
었다. 그러나 벨라루스의 요청으로 2008년 12월 11일 각의(閣議) 결정을 통해
벨라루스로 국명을 바꿔 쓰고 있다.

2019년 기준으로 벨라루스의 인종 구성은 벨라루스인 85%, 러시아인
8%, 폴란드인 3%, 우크라이나인 3% 등이다. 공용어는 벨라루스어와 러시
아어다. 러시아어는 1995년 국민투표에 의해 공용어로 채택됐다. 2009년에
벨라루스어를 모국어로 사용하는 사람이 60%로 조사됐다. 그러나 현실에
서는 러시아어를 쓰는 사람이 70%였다.

국기는 1995년 6월 국민투표로 제정했다. 2012년에 수정됐다. 국기는 빨
간색과 초록색의 2색기다. 빨간색은 자유와 헌신을, 초록색은 생명을 뜻한
다. 국기 깃대 쪽으로 흰색 줄무늬에 빨간색 전통 문양이 그려져 있다. 전
통 문양 디자인은 1917년에 제정됐다. 흰색은 전통 의상을 의미한다.그림 1
1918-1919년의 벨라루스 민주 공화국 시절에는 백(白)-적(赤)-백(白) 3색기를
사용했다. 2020년 민주화 시위 때 삼색기를 썼다.그림 2

그림 2 **2020년 시위때 사용한 벨라루스 민주 공화국(1918-1919) 깃발**

벨라루스 국토에 빙하 작용이 있었다. 국토의 대부분이 평야인 평원국(平原國)이다. 바다가 없는 내륙국(內陸國)이다. 벨라루스는 폴란드와 비아워비에자 숲을 공동으로 보호하고 있다. 비아워비에자 숲은 폴란드와 벨라루스가 공동으로 관리하는 원시림이다. 15세기 폴란드 브와디스와프 2세가 사냥한 것을 계기로 군주들의 수렵지로 이용되어 왔다. 1919년 이곳에서 서식했던 야생 유럽들소가 사냥으로 멸종되었다. 1979년 폴란드 지역이 유네스코 세계 유산에 등재되었다. 1992년 벨라루스 지역이 추가로 유네스코 세계 유산에 등재되었다.그림 3

이 지역에 987년 키예프 루스 구성국의 하나인 폴로츠크 공국이 수립됐다. 10세기에 투로프 공국이 들어섰다. 이 지역은 1236년 리투아니아 대공국의 영토가 되었다. 1240년 몽골이 침입했다. 18세기 러시아 제국에 편입되었다. 이 지역에 1918년 3월 벨라루스 민주 공화국이 수립됐다. 그러나 1919년 1월 소련이 들어오면서 벨라루스 민주 공화국은 소련의 일부가 되었다. 벨라루스 민주 공화국은 벨라루스 소비에트 사회주의 공화국으로 바뀌어 존속했다. 제2차 세계대전 때 나치의 침공으로 막대한 피해를 입었다.

그림 3 **폴란드-벨라루스 공동 삼림 비아워비에자 숲**

우크라이나에서 1986년 4월 체르노빌 원자력 발전소 폭발 사고가 터졌다. 바람이 북쪽으로 불어 방사능 낙진 대부분이 벨라루스에 떨어졌다. 벨라루스 국토의 상당 부분이 오염되고, 상당수 벨라루스 국민들이 피폭당했다.

그림 4 **벨라루스 민스크의 성 베드로 바울 대성당**

소련이 해체되면서 벨라루스는 1991년 8월 25일 소련으로부터 정식으로 독립했다. 1994년 3월 현행 벨라루스 헌법이 채택됐다.

그림 5 **벨라루스 민스크의 성령 대성당과 세인트 성모 마리아 거룩한 이름의 교회**

12세기에 벨라루스에 기독교가 들어 왔다. 2020년 기준으로 벨라루스 종교는 기독교가 91%다. 동방 정교회가 83.3%, 천주교가 6.7%, 기타 기독교가 1.0%다. 벨라루스의 각종 생활 양식은 정교회 기준에 따르는 경향이 있다. 민스크의 성 베드로 바울 대성당은 정교회 건물이다. 1613년에 지어졌다가 훼손됐으나 1871년에 복원되었다.그림 4

1633-1642년에 지은 민스크의 성령 대성당은 벨라루스 정교회 중앙 대성당이다. 민스크의 시릴과 메토디우스 거리에 있다. 1710년에 건축한 세인트 성모 마리아 거룩한 이름의 교회는 천주교 교회다.그림 5

벨라루스는 기계공업이 공업생산의 30%를 차지한다. 자동차, 트랙터, 농기계, 공작기계, 전기 제품을 생산한다. 2021년 벨라루스 1인당 GDP는 6,487달러다. 노벨상 수상자가 2명 있다.

벨라루스 사람들은 흰 옷을 입고, 흰색 집에서 사는 것을 선호한다. 흰색 바탕에 빨간색 무늬가 들어간 전통 의상을 즐겨 입는다. 흰색은 벨라루스의 상징색이다. 전통 의상을 입고 민속 공연을 한다.

# 수도 민스크

그림 6 **벨라루스 민스크의 독립 광장**

민스크는 벨라루스의 수도다. 벨라루스어로 Мінск로, 영어로 Minsk로 표기한다. 2021년 기준으로 409.5km² 면적에 2,009,786명이 산다. 민스크 아래쪽으로 냐미하강이 흐른다. 민스크는 독립국가연합의 행정수도다.

　민스크는 1067년 처음 기록에 나온다. 폴로츠크 공국의 지방 도시였다. 1499년 리투아니아 대공국에서 마을특권을 받았다. 1569년부터 폴란드-리투아니아 연방안에 있는 민스크 공국의 수도였다. 1919-1991년의 기간 동안 벨라루스 소비에트 사회주의 공화국의 수도였다. 소련 해체 후 벨라루스의 수도가 되었다.

1897년 민스크 인구 구성은 유대인 51%, 러시아인 26%, 폴란드인 11%, 벨라루스인 9%로 조사됐다. 제1차, 제2차 세계대전을 겪으면서 도시 인구 변동이 심했다. 1959년 민스크 인구 구성에서 벨라루스인이 63%로 올라섰다. 1999년 시점에서 민스크의 인구 구성은 벨라루스인 79%, 러시아인 16%, 우크라이나인 2%, 폴란드인 1%, 유대인 1%로 조사됐다. 유대인은 대부분 이스라엘, 미국, 독일로 이주했다. 오래전부터 소수민족인 타타르족, 캅카스인들이 민스크에 살고 있다.

민스크의 랜드마크인 독립 광장은 1964-2002년 기간에 건설됐다. 한때 레닌광장으로 불렸다. 독립 광장에는 정부 청사, 성 시몬과 헬레나 교회, 호텔 민스크, 중앙 우체국, 시 정부 청사, 민스크 지하철 운영 건물, 벨라루스 주립대학교 등이 있다.그림 6

가톨릭교회 성 시몬과 헬레나 교회는 1910년에 세웠다. 교회 설립자의 두 자녀 시몬과 헬레나의 이름을 따서 교회 이름을 지었다. 공산 치하에서 한때 영화관으로 사용됐다. 1984년 민스크 지하철이 개통됐다. 1984-2020년의 기간에 12개 라인이 개통되어 운영되고 있다. 벨라루스 주립대학교는 1921년에 설립됐다.

15km 길이의 인디펜던스 애비뉴는 도시 북동쪽에 있는 주요 거리다. 인디펜던스 애비뉴는 칼리닌 광장, 야쿱 콜라스 광장, 승리 광장, 10월 광장, 독립 광장 등의 5개 광장을 가로지르는 거리다. 인디펜더스 애비뉴의 이름은 14번이나 변경되었다.

승리 광장에는 의회 박물관, 국립 TV 라디오 방송국, 시립 결혼회관 등이 있다. 명절 때 퍼레이드가 펼쳐지고 신혼부부들이 기념 촬영을 한다. 1954년에 세운 38m 높이의 승전 기념비가 있다. 독일 나치즘과 싸운 벨라루스 용사를 기리기 위한 기념비다. 승리 광장 주변 건물에는 '국민의 영웅은 영원하다'는 뜻의 빨간 글씨가 쓰여 있다.

벨라루스 공화국 국립 아카데믹 그랜드 오페라 발레 극장은 1933년에 설립됐다. 「벨라루스 볼쇼이 극장」 또는 「오페라 발레 극장」으로 줄여서 부르기도 한다. 극장에는 오페라와 발레단, 심포니 오케스트라, 합창단, 어린이 뮤지컬 극장 스튜디오, 벨라루스 카펠라 창작팀이 있다.

벨라루스 주립 미술관은 1939년에 건립되었다. 1957년에 10개의 넓은 홀과 2개 층의 대형 갤러리가 신축되었다. 컬렉션 작품이 약 30,000점에 이르렀다. 1993년에 「벨라루스 공화국 국립 미술관」으로 이름이 변경되었다.

민스크 극장 건물이 1890년에 설립되었다. 민스크 주민들의 기부금으로 건립되었다. 1944년 벨라루스 시인인 Yanka Kupala(얀카 쿠팔라)의 이름을 따서 「얀카 쿠팔라 국립 드라마 극장」으로 명칭을 바꿨다. 2013년에 개조했다. 벨라루스 문화 유산 목록에 등재되어 있다.

민스크 기차역은 1873년에 목조로 건설됐다. 여러 차례 훼손되었으나 2002년 현재의 석조 건물로 다시 지어졌다. 기차역 앞에는 스탈린주의 건축이 있는 광장이 조성되어 있다.그림 7

그림 7 **벨라루스 민스크의 기차역 광장**

# 몰도바 공화국

몰도바 전개과정

수도 키시너우

CHIȘINĂU

그림 1 몰도바 국기

## 몰도바 전개과정

몰도바 공화국은 루마니아어로 Republica Moldova(레푸블리카 몰도바)라 한다. 영어로 Republic of Moldova로 표기한다. 약칭으로 몰도바라 한다. 2021년 기준으로 33,843.5km² 면적에 2,597,100명이 산다. 수도는 키시너우다. 몰도바라는 국명은 몰도바강 이름에서 유래했다.

　몰도바 드니에스터강 동안(東岸)에 미승인국가인 트란스니스트리아 몰도바 공화국이 있다. 트란스니스트리아(Transnistria)라고도 한다. '드니에스터강 너머의 땅'이란 뜻이다. 소련 붕괴 이후 몰도바로부터 독립했다. 몰도바 공화국은 트란스니스트리아를 인정하지 않고 있다. 트란스니스트리아에는 2020년 기준으로 4,163km² 면적에 465,200명이 거주한다.

　2014년 시점에서 몰도바의 인종구성은 몰도바인 75.1%, 루마니아인 7%, 우크라이나인 6.6%, 가가우시인 4.6%, 러시아인 4.1% 등이다. 트란스니스트리아를 제외한 수치다. 공용어는 루마니아어와 유사한 몰도바어다. 2013년에 헌법으로 루마니아어도 공용어로 인정했다. 2014년 조사에서 몰도바인이 사용하는 언어 비율은 몰도바어 54.7%, 루마니아어 24.0%, 러시아어 14.5% 등으로 나타났다.

　몰도바의 국기는 파란색, 빨간색, 노란색의 삼색기다. 1990년 4월에 제정됐고, 2010년에 수정됐다. 가운데에 황금 독수리가 있다. 독수리는 정통 기독교 십자가를 물고 있다. 황금 독수리는 평화를 상징하는 올리브 가지를 들고 있다. 독수리 가슴의 파란색과 빨간색 방패는 몰도바의 전통적 상징이다. 상징은 오록스의 머리, 덱스터의 장미, 초승달, 뿔 사이의 금색으로 표현된다.그림 1

1346-1812년 사이에 몰도바 영토의 대부분은 몰다비아 공국의 일부였다. 1812년 이 지역에 베사라비아가 수립됐다. 1917년 러시아 혁명 당시 베사라비아는 잠시 동안 러시아 내의 자치 국가가 되었다. 1917년 이 지역에 몰다비아 민주 공화국이 설립됐다. 1918년 2월 몰다비아 민주 공화국은 독립을 선언하고 루마니아와 연합했다. 1940년 베사라비아 대부분을 포함하는 몰다비아 소비에트 사회주의 공화국이 수립됐다. 그러나 소련이 해체되면서 1991년 소련으로부터 독립했다. 1991년 8월 몰도바라는 명칭으로 새로운 정치 체제가 구축됐다. 1994년에 몰도바 공화국 헌법이 채택됐다.

몰도바는 기독교 신자가 많은 국가다. 2017년 기준으로 몰도바 종교 비율은 동방 정교회 92%, 기타 기독교 6%다.

몰도바에는 동쪽에 드니에스터강이, 서쪽에 프루트강이 흐른다. 온화한 대륙성 기후다. 국토가 비옥하여 농산물 생산이 풍부하다. 2015년 몰도바 GDP의 구성은 농업 16%, 산업 21%, 서비스 63%다. 몰도바인들이 해외에서 취업하여 몰도바로 보내오는 송금이 국가 GDP의 상당 부분을 차지한다. 2021년 몰도바의 1인당 GDP는 4,638달러다.

몰도바 사람들은 흰색과 붉은색이 들어간 전통 의상을 입고 민속 공연을 한다.

## 수도 키시너우

그림 2 **몰도바 수도 키시너우**

몰도바의 수도 키시너우(Chişinău)는 드니에스터강의 지류인 빅강 연변에 자리잡고 있다. 2019년 기준으로 123km² 면적에 532,513명이 산다. 키시너우 대도시권 인구는 639,000명이다.그림 2

키시너우는 1436년 수도원이 세워지면서 본격적으로 발전하기 시작했다. 1812년에 러시아 관할 아래 들어가 베사라비아 중심지가 되었다.

키시너우에는 유대인이 다수 거주했었다. 1903년 어린아이 살해를 유대인 탓으로 돌리는 사건이 터졌다. 1903년 4월과 1905년 10월에 유대인 학살인 포그롬(Pogrom)이 전개됐다. 이를 계기로 대부분의 유대인은 서유럽과 미

그림 3 **몰도바 키시너우의 대통령 궁**

국으로 이주했다. 이 사건은 유대인들이 「시오니즘을 기치로 이스라엘을 건국해야 한다」는 동기를 부여했다.

　1918-1940년 기간에 키시너우는 루마니아가 관리했다. 1940-1991년 사이에 키시너우는 소련의 영토가 되었다. 1991년 몰도바가 독립하면서 키시너우는 몰도바의 수도가 되었다.

　몰도바 대통령 궁은 1984-1987년 사이에 지어졌다. 1830년대 루터교 교회가 있던 자리였다. 몰도바가 독립한 후 2001년에 대통령 관저가 되었다. 관저가 일부 파손되어 2018년에 보수했다.그림 3 몰도바 공화국 의회 건물은 키시너우에 있다. 몰도바 의회는 1990년에 설립되었고, 단원제다.

　몰도바 국립 역사 박물관은 1983년에 건립되었다. 263,000점 이상의 전시품이 있다. 매년 15개의 전시회가 열린다. 고대 역사, 고고학, 중세 역사,

베사라비아 역사, 현대사, 보물 등의 분야로 구성되어 있다. 박물관 앞에는 로마에 있는 카피톨리노 늑대 조각물이 놓여 있다.

몰도바의 개선문은 1840년에 세워졌다. 1828년과 1829년 사이에 전개된 러시아-터키 전쟁에서 러시아 제국이 오스만 제국을 물리쳤다. 이를 기리기 위해 개선문이 건축됐다. 개선문이 훼손되어 2011년에 개보수했다. 몰도바 인들의 크고 작은 집회가 개선문 주위에서 펼쳐진다.그림 4

그리스도 탄생 교회는 정교회 성당이다. 1830년대에 신고전주의 양식으로 지어졌다. 종탑을 위시하여 교회 건물이 여러 차례 훼손되었으나 복원했다. 정면 입구에는 도리아식 6개 기둥이 세워져 있다. 1997년에 아연 돔과 상단의 십자가가 추가되었다.그림 4

몰도바 키시너우에 소련 스타일의 아파트가 들어섰다. 몰도바 쇼핑몰도 건설됐다.

그림 4 **몰도바 키시너우의 개선문과 그리스도 탄생 교회**

# 그림출처

## V. 동부유럽

### 25. 러시아

◑ 위키피디아

그림 1, 그림 2, 그림 3, 그림 4, 그림 5, 그림 6, 그림 8, 그림 9, 그림 10, 그림 11, 그림 12, 그림 13, 그림 14, 그림 15, 그림 16, 그림 17, 그림 18, 그림 19, 그림 20, 그림 22, 그림 23, 그림 24, 그림 25, 그림 26, 그림 27, 그림 28, 그림 29, 그림 30, 그림 31, 그림 32, 그림 33, 그림 34, 그림 35, 그림 36, 그림 37, 그림 38, 그림 39, 그림 40, 그림 41, 그림 42, 그림 43, 그림 44, 그림 45, 그림 46, 그림 47, 그림 48, 그림 49, 그림 50, 그림 51, 그림 52, 그림 53

◑ 저자 권용우

그림 3, 그림 6, 그림 7, 그림 15, 그림 21, 그림 23, 그림 24, 그림 26, 그림 32, 그림 35, 그림 38, 그림 39, 그림 40, 그림 42, 그림 49

◑ 구글

그림 4, 그림 14, 그림 19, 그림 20

### 26. 폴란드 공화국

◑ 위키피디아

그림 1, 그림 2, 그림 3, 그림 4, 그림 5, 그림 6, 그림 7, 그림 8, 그림 9, 그림 10, 그림 11, 그림 12, 그림 13, 그림 14, 그림 15, 그림 16, 그림 17, 그림 18, 그림 19, 그림 20, 그림 21, 그림 22, 그림 23, 그림 24, 그림 25, 그림 26, 그림 27, 그림 28, 그림 29, 그림 30

◑ 저자 권용우

그림 2, 그림 3, 그림 5

## 27. 체코 공화국

◑ 위키피디아

그림 1, 그림 2, 그림 3, 그림 4, 그림 5, 그림 6, 그림 8, 그림 9, 그림 10, 그림 12, 그림 13, 그림 15, 그림 16, 그림 17, 그림 18, 그림 19, 그림 20, 그림 21, 그림 22, 그림 24, 그림 25, 그림 26, 그림 27, 그림 28, 그림 29, 그림 30, 그림 31, 그림 32

◑ 저자 권용우

그림 1, 그림 7, 그림 10, 그림 11, 그림 14, 그림 23, 그림 24, 그림 26, 그림 33

## 28. 슬로바키아 공화국

◑ 위키피디아

그림 1, 그림 2, 그림 3, 그림 4, 그림 5, 그림 6, 그림 7, 그림 8, 그림 9, 그림 10, 그림 11, 그림 12, 그림 13, 그림 14, 그림 15, 그림 16, 그림 17, 그림 19

◑ 저자 권용우

그림 1, 그림 3, 그림 7, 그림 18

## 29. 헝가리

◑ 위키피디아

그림 1, 그림 2, 그림 3, 그림 4, 그림 5, 그림 6, 그림 7, 그림 8, 그림 9, 그림 10, 그림 11, 그림 12, 그림 13, 그림 14, 그림 15, 그림 16, 그림 17, 그림 18, 그림 19, 그림 20, 그림 21, 그림 22, 그림 23, 그림 25, 그림 26, 그림 27, 그림 28, 그림 29, 그림 30, 그림 31, 그림 32

◑ 저자 권용우

그림 2, 그림 4, 그림 10, 그림 24, 그림 27

## 30. 루마니아

◑ 위키피디아

그림 1, 그림 2, 그림 3, 그림 4, 그림 5, 그림 6, 그림 7, 그림 8, 그림 9, 그림 10, 그림 11, 그림 12, 그림 13, 그림 14

◑ 저자 권용우

그림 2, 그림 4, 그림 6

## ✦ 우크라이나

◑ 위키피디아

그림 1, 그림 2, 그림 3, 그림 4, 그림 5, 그림 6, 그림 7, 그림 8, 그림 9, 그림 10, 그림 11, 그림 12, 그림 13

◑ 저자 권용우

그림 3, 그림 8

## ✦ 벨라루스 공화국

◑ 위키피디아

그림 1, 그림 2, 그림 3, 그림 4, 그림 5, 그림 6, 그림 7

## ✦ 몰도바 공화국

◑ 위키피디아

그림 1, 그림 2, 그림 3, 그림 4

# 색인

# 저자 소개

## 권용우

서울 중·고등학교

서울대학교 문리대 지리학과 동 대학원(박사, 도시지리학)

미국 Minnesota대학교/Wisconsin대학교 객원교수

성신여자대학교 사회대 지리학과 교수/명예교수(현재)

성신여자대학교 총장권한대행/대학평의원회 의장

대한지리학회/국토지리학회/한국도시지리학회 회장

국토해양부·환경부 국토환경관리정책조정위원장

국토교통부 중앙도시계획위원회 위원/부위원장

국토교통부 갈등관리심의위원회 위원장

신행정수도 후보지 평가위원회 위원장

경제정의실천시민연합 도시개혁센터 대표/고문

「세계도시 바로 알기」YouTube 강의교수(현재)


『교외지역』(2001),『수도권공간연구』(2002),『그린벨트』(2013)

『도시의 이해』(2016),『세계도시 바로 알기 1, 2, 3, 4』(2021, 2022) 등

저서(공저 포함) 76권/학술논문 152편/연구보고서 55권/기고문 800여 편

세계도시 바로 알기 4 -동부유럽-

초판발행         2022년 4월  7일
초판3쇄발행      2022년 9월 30일

지은이          권용우
펴낸이          안종만·안상준

편 집           배근하
기획/마케팅      김한유
표지디자인       BEN STORY
제 작           고철민·조영환

펴낸곳          (주) 박영사
               서울특별시 금천구 가산디지털2로 53, 210호(가산동, 한라시그마밸리)
               등록  1959. 3. 11. 제300-1959-1호(倫)

전 화           02)733-6771
f a x           02)736-4818
e-mail          pys@pybook.co.kr
homepage        www.pybook.co.kr
ISBN            979-11-303-1544-7 93980

정 가         16,000원